职场心路

我的高管媳妇成长之路

郑卫琴/著

哈尔滨出版社
HARBIN PUBLISHING HOUSE

图书在版编目（CIP）数据

职场心路：我的高管媳妇成长之路 / 郑卫琴著.
哈尔滨：哈尔滨出版社，2025.1. -- ISBN 978-7-5484-8265-9

Ⅰ. B848.4-49

中国国家版本馆 CIP 数据核字第 2024NX3131 号

书　　名	职场心路：我的高管媳妇成长之路
	ZHICHANG XINLU: WO DE GAOGUAN XIFU CHENGZHANG ZHI LU
作　　者	郑卫琴　著
责任编辑	费中会
装帧设计	杨秀秀
出版发行	哈尔滨出版社（Harbin Publishing House）
社　　址	哈尔滨市香坊区泰山路82-9号　　邮编：150090
经　　销	全国新华书店
印　　刷	捷鹰印刷（天津）有限公司
网　　址	www.hrbcbs.com
E-mail	hrbcbs@yeah.net
编辑版权热线：	（0451）87900271　87900272
销售热线：	（0451）87900202　87900203
开　　本	889mm×1194mm　1/16　　印张：9　　字数：115千字
版　　次	2025年1月第1版
印　　次	2025年1月第1次印刷
书　　号	ISBN 978-7-5484-8265-9
定　　价	48.00元

凡购本社图书发现印装错误，请与本社印制部联系调换。服务热线：（0451）87900279

自序

媳妇是位非常优秀的女性，无论是工作还是生活，她始终保持着积极向上的态度。

媳妇所在的公司是一家国内上市公司，公司在全国拥有数十个分（子）公司或基地，并在欧美进行了布局，拥有近7000名员工，在电池材料领域是世界龙头企业，也是某国际日化领域龙头企业和某国际锂电池领域龙头企业等国际国内知名企业的重要合作伙伴。

媳妇2006年大学毕业后就来到了现在的公司，光荣地成为公司第一批管培生，先后担任公司企业管理部主管、品质部经理、品质部部长、车间主任、厂长、电池事业部供应链总监、人力资源总监、安全总监、总经理助理，现在成为集团公司副总经理，同时兼任总经理助理和人力资源总监职务。

可以说，媳妇的事业已经非常成功了，不到30岁就成为公司的中层领导，35岁进入核心管理团队，38岁成为集团公司副总经理。大家都知道，一位女性能成为一个千亿市值的上市公司副总经理，非常不容易，说明她的业务能力、品德修养都很不错，否则也不可能取得这样的成就。

在生活上，媳妇也是一个很优秀的女性，是一位很出色的家庭女主人。她虽不能做到像有些妻子或妈妈那样事无巨细，因为她的事业不允许她把大部分时间投入到家庭事务上，但她却坚持以她独特的方式细心经营着我们的家庭，比如，她会用心策划我们的家庭活动，支持我们的个人选择，研究可口的美食，培养家庭共同的兴趣，一直都能让我们感受到她的高质量陪伴。我们一家四口是一个平等的家庭，一个和谐的家庭，也是一个很幸福的家庭。

回顾媳妇参加工作十八年来的工作经历，她经历的岗位很多，经历的事情也不少，在工作的过程中形成了一些先进的、值得借鉴的理念和方法。同时在处理工作与生活的关系上也形成了自己的独到见解。作为丈夫，我是看在眼里，记在心里，并深感敬意。于是，我就与媳妇商量，想以写书的形式，把她这十八年来的成长经历进行了一个系统的总结梳理，力争发表出来分享给有需要的读者朋友，希望能给大家提供一些参考和帮助。为了能够给大家提供更多贴近现实的、更接地气的事例，除了媳妇的成长经历外，我们还专访了8位媳妇的好朋友，她们都是各个领域事业比较成功的女性，她们身上同样有着值得我们学习和借鉴的先进思想和经验。

同时，写这本书也是我们家庭非常富有意义的一项活动。试想，当我们退休之后拿着这本书翻看的时候，我想内心肯定是幸福的、甜蜜的。

郑卫琴

2024 年 7 月 21 日于广州

目 录

P001 • **我的高管媳妇成长秘诀一：克服 8 种心态**

克服"安逸"心态——安逸不可能长久　　003
克服"娇骄"心态——力戒"娇骄"二气　　006
克服"女性"心态——主动跳出"女性职业圈"　　009
克服"小气"心态——丢掉小女人气　　013
克服"怨妇"心态——发挥"八卦"正向作用
　　016
克服"眼前"心态——不要"头发长见识短"
　　019
克服"浮躁"心态——杜绝"喜新厌旧"　　023
克服"清高"心态——少一些清冷　　027

P031 • **我的高管媳妇成长秘诀二：练就 8 个特质**

柔中带刚的韧劲　　033
"女汉子"的担当　　036
内驱的拼搏力　　039
乐观向上的精神　　042
主动自我迭代　　045
不让家事捆绑自己　　048
坚持表里如一　　051
终身好学的习惯　　054

P057 ● **我的高管媳妇成长秘诀三：锻造8种胸襟**

  塑造大胸怀　　　　　　　　　　　　059
  当好知心大姐　　　　　　　　　　　061
  "甘站三尺讲台"的情怀　　　　　　　065
  敢于为部属背书　　　　　　　　　　068
  淡视功利　　　　　　　　　　　　　071
  懂得换位共情　　　　　　　　　　　074
  "小我"的奉献品格　　　　　　　　　077
  积极面对退出　　　　　　　　　　　080

P083 ● **我的高管媳妇成长秘诀四：培养8项生活力**

  打造丰富多彩的个人空间　　　　　　085
  结交几个好闺密　　　　　　　　　　088
  主动接触生活中的新事物　　　　　　090
  统一好"四个关键思想"　　　　　　　093
  扮演家庭活动的设计师　　　　　　　097
  用真心保鲜真爱　　　　　　　　　　101
  理性引导孩子成长　　　　　　　　　104
  动态平衡工作和生活　　　　　　　　107

P111 ● **8位典型现代职场女性朋友专访**

  专访一：周莉女士——发挥刚柔并济的女性优势 113
  专访二：陈慧英女士——事业与家庭的美妙结合 116
  专访三：刘小稚女士——做真实的自己　　　118
  专访四：范敏娜女士——永不服输的劲　　　121
  专访五：邢丽丹女士——聊到科研工作眼里就发光 124

专访六：蔡庆瑶女士——母性光环也是事业发展的
灵感来源　　　　　　　　　　　　　126
专访七：孙启蒙女士——在对抗与挑战中成长　129
专访八：李志娟女士——相忘江湖　　　133

P136 • **结束语**

我的高管媳妇成长秘诀——

克服8种心态

  我的高管媳妇经常说："女性在职场中要注重体现自身的时代性与现代性，决不能被一些落后的、片面的传统思想、观点和认识影响与束缚。'安逸''娇骄''女性''小气''怨妇''眼前''浮躁'和'清高'8种心态，是当前阻碍我们现代女性在职场成长和发展的主要问题心态。它们的长期存在会庸俗化我们的理想、凝固我们的格局视野，使我们的思想滞后、意识缺乏、目光短浅、能力弱化，如果不努力去摒弃克服，势必会导致我们逐步丧失现代女性的心气与魅力，最终沦为现代职场的失败者。"

克服"安逸"心态

——安逸不可能长久

为写这本书，我与媳妇进行了深入的探讨交流，也进行了一些调研。媳妇认为，安逸心理是阻碍女性奋斗的首要因素。一些女性朋友习惯长期浸泡在安逸的温泉中，慢慢地养成了不思进取的状态。这不论是对社会还是对女性本身，都是一种内卷与浪费。它使社会发展进程中少了一股具有进取精神的血液，女性的世界中也少了许多丰富的色彩。

纵观媳妇自2006年参加工作以来，从来就没有想过"安逸"。她一直坚持一个观点：现代女性早已今非昔比，女性不要总想着被金屋藏娇，足不出户坐享男人打拼下来的成果，这样久而久之就会失去生命的意义，也会被时代淘汰，从而失去追求梦想的能力。

虽然我和媳妇都是来自农村，但凭着自己的努力，早在2009年的时候，我们就在广州市天河区买到了房子，2012年我们已经在广州有了两套房，加上当时我的工作比较稳定，那时候我们才不到30岁，媳妇完全可以随便找一份工作，过上安逸悠闲的生活。但她从没有这么想过。她说，年轻是我们学习和奋斗的美好时光，如果早早就过上安逸生活，那也太没有意思了。于是，她主动放弃办公室的工作，请缨到车间去担任车间主任。领导们开始还是很不放心的，毕竟公司是化工企业，从来没有女性去干过车间主任这一制造类领导岗位，但她却一再坚持想去锻炼一下。看到媳妇的坚定态度，领导们被她这股热情打动了，便批准了她去车间。就这样，集团公司产生了第一位女车间主任。从此,媳妇便从"白大褂"变成了"劳保服",面对车间的繁杂工作,想安逸都难了。

媳妇常说,很多成功的女性都是不想"安逸"的。她觉得过早的安逸不是一件好事,安逸久了也就懈怠了。媳妇关于安逸的很多观点令我感到触动,说实在的,有时内心不禁产生敬佩之情。总结梳理一下,媳妇关于"安逸"的观点大致有以下几点。

媳妇观点一:较好的家庭背景、一时的功成名就不应该是我们安逸的理由。现在,不少年轻女孩子都是独生子女,即便不是独生子女,也被父母视为掌上明珠。这个时代的父母获取了不少改革开放带来的红利,好的家庭已经是腰缠万贯,一般的家庭也在城市安居乐业,就连农村的家庭,只要父母努力的,生活条件也有了很大改善,有的甚至在县城买了房子或在村里盖了小别墅,家庭生活都比较惬意。也有不少女孩子现在已经寻觅到了白马王子,甚至是嫁给了"高富帅",过上了幸福安逸的生活。我们要正视这些情况,家庭条件好我们应该庆幸,但千万不能以家庭条件好为由放弃自己的梦想,放弃了年轻人应该具备的奋斗精神,放弃了新时代赋予我们这一代年轻女性的使命和追求。如果整天以家庭条件好自居,沉浸于衣食无忧的生活状态中,那我们就会慢慢失去成长的动力,导致我们再也没有能力回到宽广自由、充满希望的田野了。

媳妇观点二:安逸会使我们迷失人生目标。女性但凡想要确立并实现人生的宏伟目标,就不应该过早有安逸心理,因为安逸只会削弱你的理想意志,只会麻醉你的进取心理。所以,作为当代女性,我们不能陶醉和满足于目前看似安逸的生活状态,而是要树立有价值的人生目标,并为之努力奋斗。也许实现目标的道路很崎岖,会有荆棘沟壑,但这恰恰也是我们丰富的人生中不可缺少的元素,少了这些，我们女性的人生则缺少了艳丽多姿的过程。

媳妇观点三：安逸的后果必是不安逸的结局。 社会的发展告诫我们必须奋斗，现在的每个行业、每个企业、每个家庭、每个个人都是在逆水行舟，不进则退。在物欲横流、社会飞速发展的时代，机会稍纵即逝，如果我们不努力、不奋斗，那被淘汰出局是迟早的事情。如果还有坐吃山空的想法，那绝对是大错特错，贻笑大方。事实也是如此，想想20年前，你想过信息技术会发展到今天这个地步吗？你会想到当时响当当的摩托罗拉、诺基亚等品牌手机会消失在我们的视野中吗？你能想到房价会涨成当今这样吗？你又会想到汽车、液晶电视会便宜到可以走进千家万户的地步吗？所以，在这个飞跃发展的时代，只有思想上不消极，观念不保守，才能有机会与时俱进，才能寻找到正确的前进方向。

> **我的启示**
>
> 不要让当下的安逸状态成为束缚现代女性开创美丽人生的思想禁锢。安逸思想是我们奋斗路上裹着糖衣的绊脚石，是消磨我们意志的"鸦片"，为了更长远的、质量更高的"安逸"，女性朋友要行动起来，奋斗起来！

克服"娇骄"心态

——力戒"娇骄"二气

媳妇常讲:"我们要想成为有价值的现代女性,就必须摒弃"小家碧玉"的观赏特性,主动走出家庭,走进社会。作为新时代奋斗者,女性要力克"娇骄"二气,多扬正气和朝气!"

媳妇在家里是老大,虽说从小就被父母视为掌上明珠,但在工作中却没有一丝的娇气和骄气。记得媳妇怀上我们的大闺女时,除必需的产检外,几乎天天都是正常上班,很少有请假的时候。每次提醒她要注意安全,有情况就请假休息时,她都是说:"别担心,生孩子是自然而然的事情,我没那么娇气。"临近预产期时,我让她至少提前一周休假回家待产,她还是说:"没事,我没那么娇气。"一直工作到临产前的最后一个星期五。女儿也挺争气,周六晚上就开始闹腾她妈,周日一早便出生了。可以说,媳妇这是完美地实现了工作与生娃的无缝对接。

在我印象中,媳妇好像是20多岁就已经担任了公司的领导,那时候的她就已经深受公司高层的关注了。每年年会,都是在前排座位就餐。后来又担任总经理助理、人力资源总监、安全总监等重要职务,直到现在成为集团公司副总经理。虽然早早在公司担任领导职务,又是在公司工作了18年的老员工,或许放在有的女人身上早就呈现出傲慢的心态。但媳妇在公司里却一直都是那么低调,平易近人,"娜姐"是大家对她的常用称呼,她自己也从没有因为职务提升而骄傲过。

在生活中也一样，我经常对她说，要不是我经常在别人面前赞扬你，别人见到你哪里看得出你是一位上市公司的高管啊，都说你太谦虚了。每每听到这句话，她都毫不在意，该怎么样还怎么样。

与媳妇交流时，她说工作中，我们除了要吃苦耐劳去除"娇气"外，更重要的是抛去阻碍我们发展的"骄傲"之气。谁都知道，谦虚使人进步，骄傲使人落后。但很多女性在取得一定成绩后，这话往往就被抛到脑后。女性好不容易得到肯定，常常会因为过程较男性而言更加困难，因而更喜欢炫耀，喜好攀比，不知不觉中就会产生骄傲思想。因此，我们必须时刻牢记做人做事要谦虚低调，切不可因骄傲自满而后悔自责，痛失前程。

媳妇观点一：为人处世不能高调自大。在成长进步的过程中，能不能谦虚做人是思想是否成熟的关键。平时相处交流时，我们要发挥女性的和谐柔和的特点，不要眼里总是看到自己，聊天交流时也要多考虑别人的感受，不要有意或无意伤害到别人。我们在取得成绩的时候，不要好大喜功，不可居功自傲，要多想想团队的作用，多想想领导和同事的帮助，多说些感谢感恩的言语，用谦虚的品格赢得大家的内心认同。

媳妇观点二：干事创业不可骄傲自负。工作中，我们切不能自以为是，盲目自我满足，否则就是自欺欺人。有的女性刚从学校毕业，有种"初生牛犊不怕虎"的冲动也是正常，可这并不是什么好事，一开始，大家会理解，但如果我们因此而沾沾自喜，刚愎自用，那必然会出现失误，到最后给集体带来麻烦或损失的时候，就得不偿失了。在职场中，即使我们自己能力很强，领导和同事比较认可，也要始终保持谦虚谨慎的态度，千万不要以为自己取得了点成绩就了不起，自以为是，目中无人，否则你的团队和同事会因你的自负而远离你。无论我们获得多少经验和成功，都要始终做到谨慎扎实，不能以个人经验代替团队智慧，以个人能力代替团队协作，要注重听取意见建议，特别不要反感反对意见，否则肯定会为自负而付出代价。

媳妇观点三：错误面前不能骄横无理。 海纳百川，有容乃大。虽然女性有自身的特点，偶尔来点"推诿扯皮""胡搅蛮缠"也很正常，但这并不是我们女性成功道路上所需要的元素。虽然男性在一些问题上能够容忍我们女性，但我们要懂得退让；别人不与我们计较，但我们要明白事理。犯下错误，出了问题，肯定少不了领导的批评和同事们的责备，这时候，我们要主动承认错误，诚恳接受批评，并积极改正和弥补。人无完人，孰能无过。只要真心接受，虚心整改，就一定会得到大家的理解，重新得到认可。同时，在接受批评的过程中，我们也会慢慢成长，走向成熟。

> **我的启示**
>
> 满招损、谦受益。只有永远保持谦虚的心态，才能勇往直前、善始善终。现代女性要坚决克服身上的娇气与骄气，既不能像林黛玉一样娇嫩，动不动就哭鼻子，也不能过于自信，骄傲自满，目中无人，因为干事创业的道路上，我们更需要坚强、坚持和胸怀。

克服"女性"心态

——主动跳出"女性职业圈"

在平时的交流中，媳妇经常讲，"女子无才便是德"的年代早已一去不复返，现代女性都渴望成功，都想通过努力实现自身的价值。女性要想获取和男人一样的成功，就必须敢于跳出"女性职业圈"，大胆挑战自我。

对于媳妇的话，我非常认同。在我们的现实生活中，很多女性虽然很努力，有的女性甚至抱怨"内衣都被汗湿了"，但她们依旧无法摘取成功的果实，其中很大一部分原因就是跳不出传统的"女性职业圈"，被传统的女性职业认知禁锢和束缚住了发展空间。

媳妇大学毕业刚入职公司的时候，也是从事研发、企业管理、质量等方面的工作，这些工作是可以纳入"女性职业圈"中的。虽然她在这些部门都干得不错，2009年的时候已经是质量保证部经理了。这个时候，媳妇对自身的职业发展进行了全面的分析判断和规划，她分析，如果按照当前这种趋势发展下去，最多也就是干到中层领导，因为这些岗位的天花板就是中层领导职位。于是，她主动跳出"女性职业圈"，申请到车间当车间主任，后来又当厂长，成为集团公司第一位女性车间主任和第一位女性厂长。要知道，公司属于化学品制造行业，化工车间是具有一定的危险性的，很多女性朋友想都不敢想，即使安排去，也不一定愿意去。正是因为媳妇在这两个岗位上得到了锻炼，使她对公司的生产制造有了全面的了解，能力素质有了质的飞跃。2015年，公司要选聘事业部供应链总监，这个岗位要求参选人员必须对公司的生产有全面的了解，因为有了车间主任和厂长的经历，媳妇在这个时候顺理成章成为最佳人选，被提拔为公司事业部供应链总监，再一次成功走出"女性职业圈"。

媳妇用实际行动证明，她不仅可以干好女性的工作，很多男性的岗位照样可以胜任。我想，这些表现公司领导肯定是看在眼里，记在心里的。但凡以后只要有合适的机会，还一定会委以重任。

2020年，媳妇被公司任命为安全总监。安全总监又是一个男性类职业，工作压力可想而知。但媳妇想都没想，就投入到紧张的工作中去了，几乎每天都是在各地基地或者车间开展调研、检查，及时发现问题，解决问题，手机24小时从不关机，经常深夜都还在处理安全隐患或事故。晚上她接到与安全隐患或事故相关的电话后，都是迅速详细询问了解情况，然后马上用电话向领导汇报，提出处理建议，之后又立即电话指挥现场人员快速处置，提出应急处置方案。说实在的，我是看在眼里，疼在心里。这个时候，我一般都在旁边默默地听着，以便能够及时给她提供意见建议，防止她压力太大，受不了。但几乎每次她都是紧张地处理完成后，平静地对我说："没事，我已经被练出来了。刚才老板还安慰我说不要有太大压力，我让老板放心，我顶得住！"

关于主动跳出"女性职业圈"，我感觉媳妇还是很有发言权的。我把她的观点梳理成以下3点。

媳妇观点一：主动打破传统认识的藩篱。 在大多数人的观念中，女性应该都是内秀温柔，爱干净漂亮，吃不了苦，受不了累，比较适合坐办公室，干文档管理、文员秘书、大堂经理等岗位，或从事机关事业单位、老师、医生、金融等相对稳定的工作。这也确实不错，比较符合传统女性的特点。但如果我们女性自身也这么认识，成功的机会则少了一半，实现自我的机会也少了一半。试想，如果女性真都这么想的话，武媚娘最后也还是个娘娘，刘洋、王亚平两位女性也就进入不了太空。因此，突破思想的藩篱至关重要。连想都不敢想，那还怎么去谈干？

媳妇观点二：**敢于冲破自我恐惧的禁锢。**涉入更广阔的工作领域，对我们女性并非易事。原本我们是要在家绣花织布的，现在让我们去种地伐木，现实的难度和心中的恐惧不言而喻。但我们必须走出这一步，敢于冲破心中的恐惧，唯有这样才能开拓更广的事业领域，才能有更多的成功平台。可以说，只要我们女性想干事，不怕事，就没有干不成的事。

媳妇观点三：**坚定勇往直前的自信。**在打破传统认知、开疆拓土的道路上，不可能一帆风顺。一时的失败肯定会遭到旁人的讽刺甚至嘲笑，即使获得了暂时的成功，也不一定会得到大家的赞扬与认可，相反迎来的还有可能是流言蜚语。因此，如果我们内心不够坚定，就会对我们思想带来影响，很有可能会出现自我否定的现象，最后主动逃离放弃，被拉回到传统认知中去，这便是"众口铄金""积非即是"的反向力量。所以，我们现代女性在追求自我的征途中，不但要有披荆斩棘、浴火重生的勇气，还要有"千磨万击还坚劲，任尔东西南北风"的强大自信。有时候，我行我素、倔强孤傲看似不好，但如果放在破旧立新、革故鼎新的非常时期，还真少不了这股精神。

我的启示

　　思路决定出路。现代女性只有在内心和行动上冲出传统"女性职业圈"的包围,才能不断突破职业发展的天花板,升华到更宽更广的舞台上放飞梦想。

克服"小气"心态

——丢掉小女人气

我这里说的小气,并不是指请客吃饭、耍小脾气等方面的小气,而是指格局、胸怀等方面的小气。媳妇在工作中,我最敬佩的就是她的利他思想。不管是对待同事,还是对待部属,她向来都是以大胸怀对待。

前几年刚入职时,在与同事交流工作方法和工作经验的时候,她都是毫无保留,把自己的所有好方法都一一告诉同事,根本不担心自己的强项优势被同事全部学走,增强竞争对手的能力。担任中层领导后,年纪轻轻的她对待自己的部属,向来都是倾尽全力做好传帮带,从来不担心下属学成之后超越自己,影响自己在公司的核心竞争力。走上高层领导岗位以后,她亦是如此,能放权的会主动放权,让分管的部门领导权责相配,同时也会将自己的一些好经验与他们分享,帮助他们成长。她几乎是毫无保留,一点儿也不担心自己的岗位以后会被他们威胁。

每当我问媳妇为什么这么大气时,她都是用同样的几句话来回答我:"利人就是利己,帮助别人就不要小肚鸡肠;如果有一天被部属超越,不要总想着是部属的问题,那是因为你自己能力落后了,跟不上公司的发展了。" 这一说,让我恍然大悟。

媳妇观点一:小肚鸡肠必困其身。人的大脑容量是有限的,装多了小事就没有容量再去思考一些重要工作。无论我们女性从事什么职业,都不能过分斤斤计较,不要成天把一些鸡毛蒜皮的事挂在嘴边，放在心上，见人就说"今天领导又表扬了小李""这个工作因为小黄多事让我多干了半小时""今天看到谁迟到了"，等等，如果我们天天沉迷于这些无关痛痒的小事，那必将会被这些事情困扰。工作中的小事情太多了，今天是这件事情，明天肯定会出现另外一件事情，一个星期能积攒一堆，这就要求我们必须分清主次，区别对待，有些事情聊一下就放下，有些事情压根就不用去理会，多把重心放在学习业务能力上去，放到干好本职工作中去，这样才会有所作为。生活中同样如此，不要什么事情都管，也不要什么事情都在意，老公、孩子有他们自己的想法，只要合理，就不用去理会，不一定都要合你的意才行，这样全家都轻松。

媳妇观点二：大气才会有人气。 工作中，我们都比较讨厌小气的人，对待小气之人，大家都会"厌而远之"，这种人的处境可想而知。一方面，我们女性在格局上也要彰显大气。"人生中百分之九十的争执，都可以用沉默来规避。"在与别人交流时，要尊重别人的发言，多一些赞誉与认同，少一些尖酸刻薄，这也是一种礼貌；对待一些不涉及利益冲突的交流，不要吹毛求疵，也不要太在意对错，这时候开心和谐最重要。另一方面，行动上也要彰显大气。任何工作分工不可能完全公平，所以做事上不要斤斤计较，大家都看在眼里，记在心里。其实，有时候我们比别人多做了一点儿事情，就多了一份担当；比别人少了一点儿推诿，也就多了一份成熟。再说，多做点工作还能多锻炼一些，能力提升和事业发展也会快别人一步。

媳妇观点三：甘吃小亏能显大胸怀。 在工作生活中，功名利禄的考验是必经环节，吃亏受气是家常便饭。正所谓，舍得舍得，有舍才有得。在利益冲突之时，我们女性要管好自己的"小气"，不仅要不怕吃亏，必要时还要主动吃亏。面对荣誉之争，我们要常怀谦让之心，不要总强调自己付出得多，世事自有公道；面对进退走留，我们要怀平淡之心，有时候，快就是慢，慢就是快，进是一份肯定，退则是一种鞭策；面对金钱之争，我们要讲究君子爱财，取之有道，不能见利忘义，自私自利，更不能走歪门邪道，强取豪夺。俗话说，退一步海阔天空。今天你看似吃了亏，损失了点物质或奖励，但却增长了宽广的胸怀，久而久之，就会汇聚成高尚的品格，这才是你开创事业的最大财富，财散人聚也就是这个道理。

> **我的启示**
>
> 大家在评价男人小气的时候，都喜欢以"像个女人一样小气巴拉"，由此可见，小气历来被大家认为是女人的天性。古语说得好："成大事者，不拘小节。"这就要求我们当代女性要主动除"小气"之弊，显大气之势。

克服"怨妇"心态

——发挥"八卦"正向作用

女人爱"八卦",这是满世界皆知的女人天性。不管什么事情,但凡听到点风声,女人都会三五成群、窃窃私语聊上很久,各自发表一下自认为独到的见解,很多人还会借机抱怨一下,发泄一下。虽说"八卦"无益,但这又是女性无法剥离的天性,你说要完全克服,那是不可能的,如果克服了,那也不是女性了。

媳妇常说,我们女性可以有"八卦"的行为,但要克服"八卦"中"怨妇"的心态。我们不能仅把"八卦"浮于舌根上、停留在过过嘴瘾上,不能将"八卦圈"作为抱怨发泄的聚集地,那样只会是浪费口舌、浪费时间,甚至会被信息误导,产生负面影响。现代女性要善于发挥"八卦"的正向作用,从中取优弃劣、扬长避短,努力将其的正向作用发挥好。

由于媳妇发自内心的利他主义,给大家留下了朴实随和的好印象。因此,她在公司是很有人缘的。年轻的时候,大家称她为娜娜,现在大家一般也不称"娜总",而是称呼为"娜姐"。在我印象中,媳妇在公司的好姐妹还挺多的,有几个名字我都已经耳熟能详了。媳妇和姐妹们相处得很好,经常在一起"八卦",她们几乎是无话不谈,有谈工作的,有谈同事的,有谈生活的,有谈买房的,等等,可以说是各个领域都涉及了。无论是管培生的时候,还是当中层领导的时候,包括现在成为高管,她与姐妹们的关系一直都保持得很亲近,没事聚在一块"八卦"自然是少不了的。

我们在广州先后换了几套房子，生了2个小孩，每次这些姐妹都会相约一起来家里坐坐，喝喝茶，吃顿饭。也正是这些机会，让我可以零距离听到她们的"八卦"声，了解到她们的"八卦"事。

她们"八卦"的时候，心情都很放松，可谓是欢声此起彼伏，笑语连绵不断，时不时还会拿其中的一个人开玩笑，特别是还没结婚的姐妹，几乎是大家调戏的重点。我发现媳妇在"八卦"的时候，她还是有自己特色的。比如，她会把自己想了解的事情，通过"八卦"让大家一起聊聊；自己的一些好的经验，无论是工作中，还是生活中的，都会拿出来与姐妹们分享，这样大家也会主动将自己遇到的问题拿出来探讨；如果发现负能量太多，她会及时引导大家，转向正能量。这样不仅没有让姐妹们的"八卦"失去欢快与惬意，相反还让大家更愿意聚在一起"八卦"。因为，姐妹们发现自己的"八卦圈"不是单纯过嘴瘾的圈子，而是学习进步的正向圈子。姐妹们在听到媳妇的"分享"后，会不时冒出"哎呀，原来还可以这样做""言之有理，我回家也让孩子试试"等感悟或启发，有时把我都看乐了。而且，这些姐妹工作都非常认真，进步也都很明显，我想这与她们这个"八卦圈"有一定关系，这也许就是"近朱者赤，近墨者黑""物以类聚，人以群分"的道理吧。

那么现代女性如何发挥好"八卦"的正向作用呢？为此，我也把媳妇的一些观点进行了简要梳理，主要体现在以下3个方面。

媳妇观点一：利用好"八卦"的融入力。 交朋友，交流肯定少不了。交流沟通，话题肯定少不了。这个时候，"八卦"的作用就体现出来了。随便找一两个话题，就可以让大家快速打破尴尬局面，在言语交流的过程中，增进相互了解，拉近彼此距离。相信大家也经常看到一些素不相识的女人，见面没多久就聊得火热，最后离别时还以姐妹相称,让男人们羡慕不已。这就是"八卦"的融入力和魅力所在。

媳妇观点二:利用好"八卦"的信息量。"八卦"之所以称"八卦",肯定少不了"信息来自八方,闲聊的人也来自八方"这个原因。对于现代女性,我们要充分利用"八卦"天性这个优势,把"八卦"作为我们获取信息的重要渠道。在闲聊的过程中,要多长心留意,分析出对我们有利有用的信息资源,认真收集记录下来。同时,我们要认真分辨这些信息的真伪,注重在多个"八卦"维度和群体中去验证,最后细分过滤出重要的、真实的、有价值的信息来为我们所用。

媳妇观点三:利用好"八卦"的传导力。"八卦"除了可以让我们获取信息,还是一个传导信息的重要载体。当我们有些思想及想法不好当面求证时,可以通过"八卦圈"传导出去。"八卦圈"是众人公认的"民间组织",即使效果不好,也不会有人来问责,最多就是不"八"而已。但这个时候,其实你已经多方求证了自己的想法,也相当于一种调研形式。当我们需要展示自己的时候,也可以通过"八卦圈"将自己的优异表现、突出成绩传导出去,让领导及同事进一步了解你,这样有助于加深他们对你的印象,增加对你的认同感。这样做远比自己拿着成绩去找领导展示强多了。

我 的 启 示

"八卦"是一把双刃剑,用好了能够助力事业与生活,用不好轻则浪费时间,重则众叛亲离。所以,现代女性朋友对待此"剑",一定要和谐挥舞、谨慎驾驭,努力练就人剑合一、收发自如的翩翩舞姿。

克服"眼前"心态

——不要"头发长见识短"

大家经常讲:"女人头发长见识短。"这是长期以来,世俗形成的对女性的偏见。虽说是偏见,且现代女性早已今非昔比,但我们不置可否,目光短、目标小的"眼前"心态确实存在于一些女性朋友中,这也是影响她们成长与发展的主要原因之一。

媳妇常说,虽然现代女性已经是社会发展进步的主力军,在职场上同样扮演着重要的角色,但我们还是要对"头发长见识短"这句话保持警醒,克服"眼前"心态,时刻提醒自己要心怀大志,切忌目光短浅。

媳妇刚参加工作时就坚持认为,年轻的时候不能虚度和浪费时光,一定要好好工作,干出一番满意的成就来。所以就出现了前面和大家说过的,她在工作中,勇于打破"女性职业圈",申请走出办公室到车间锻炼,因为她知道,如果要想取得一番成就,实现自己的理想,就必须要从长远着想,走好每一步。在工作中,媳妇的进步是很快的,但她没有因为取得了一点点成绩就沾沾自喜,然后满足于自我安逸中。她一直都是朝着"一番成就"这个目标在努力着、追求着,而且都是在实实在在地行动着,坚持不懈地努力奋斗着,一路都是奋斗者的姿态。

就拿写书来说吧,媳妇的目标也是高远的。她坚持不为写书而写书,而是把写书作为总结自己过去经验的一次机会,同时也作为思考工作、规划未来的一种手段。她一开始决定写书时,就给自己定下了写 5 本书的大目标，并且力争全部出版。她说只有出版 5 本书以上的人才能算作家，她也要成为一名兼职作家。当听到她说这话的时候，我不由得吓了一跳，心想："真是异想天开，她从哪来的自信？敢定这么大的目标。"毕竟媳妇那时早已是公司重要岗位上的中层领导，工作事务已经够忙的了，我压根就不相信，她能顾得过来写书，而且还是 5 本，所以当时我也就是听听而已。

媳妇说她爱上写作是受我的影响，说我是她走上写作之路的引路人。每每听到这一点，我很是骄傲。但作为引路人的我，很惭愧地说，早就被媳妇"拍在海滩上"了，因为，我除了以前在报纸杂志上发表过一些文章外，目前仅完成两本长篇作品，一本是网络小说，十年前曾在"榕树下"网站发表的，另一本书就是辅导女儿写作文的书籍《小作者离不开好爸爸》，而媳妇这几年通过自己的坚持，已经实现了她的目标，出版了 5 本书，已经成为一名优秀的兼职作家了，而且有的书都已经售罄，被出版社加印。我这个引路人现在真的有些坐不住了，总是想和媳妇比一比，这也是我现在还在继续写书的原因。

现代女性如何克服"眼前"心态，让自己在这个五彩缤纷的世界中绽放自己的绚丽光彩？在讨论交流过程中，媳妇认为重点要做到以下三个"长远"。

媳妇观点一：**个人追求的理想要长远。**一些女性，习惯围着家庭转，把老公孩子作为自己的终极目标，把家庭和谐幸福作为自己的理想归宿。这样的目标定位，我认为有点偏激了，家庭固然重要，工作本身大部分就是为了生活，但我们女性除了家庭生活、老公孩子之外，是不是也要有自身的价值体现和独立的人生追求，否则，即使短时间里，你会因家庭的幸福快乐而满足，但这是亚幸福、弱幸福，时间久了，会不自觉地产生空虚感和焦虑感。因为这样的目标看似很伟大，但却是一个与女性自我价值追求相分离的目标，是一个不会给女性带来真正的充实感和成就感的目标。因此，我们女性要紧跟时代发展的步伐，目标要远大，既不能拘束于当前，也不能被亲朋好友影响，更不要被家庭束缚，要多学习接触新事物，及时了解社会发展变化，树立正确的、积极的、有意义的奋斗目标，在奋斗的道路上体现价值，获得成就感。

媳妇观点二：谋事干事的思想要长远。 思想是行为的先导。只有思想成熟，行动才能成熟；只有思想长远，成就才会长远。我们女性在职场中要与时俱进，解放思想。首先，要善于从历史长河中拓展思维。古人云："观今宜鉴古，无古不成今。"我们要多翻翻历史书籍，多读读历史名人自传，多看看历史影片，从历史的精髓中感悟真理，掌握发展规律，从而解放思想，开拓思维。其次，要从知识的海洋中去提升视野。没有知识的积累，就无法积聚冲破思想禁锢的磅礴力量，更无法感知和享受先进思想带来的精神硕果。因此，我们要多读书学习，除了看文学书籍外，还要多涉猎诸如经济、科学、哲学、艺术等方面知识，多与学者及达人交流，逐步提升自身知识的含量与质量，这样，思想也就会在润物无声中得到提升。另外，要踏实干，在实践中改造思想。实践是检验真理的唯一标准，更是锻造思想的大熔炉。职场女性要注重理论与实践相结合，勇于在工作实践中检验自身思想的正确性和先进性，在不断的自我否定中改进提升。只有在实践中经受检验，我们的思想才能算得上是有意义、有价值的思想，才能是被大熔炉炼出来的精神金丹。

媳妇观点三：思考问题的站位要长远。 现代职场女性看待问题不能像古时候大部分女性一样，小脚走路，总不愿走出自己那个村甚至自家小院，总习惯盯住自家那一亩三分地去考虑问题。在新时代，我们享受了平等教育、平等就业等大好环境，这就要求现代女性思考问题要有担当、要有气魄，不能拘泥于当下这点利益，要考虑长远影响和深远价值，要有为将来负责的高度。在评判事情的时候，我们不能简单地就事论事，要结合时代背景、长远发展趋势来分析利弊，这样做出的判断才能准确。

> **我的启示**
>
> 　　头发长了变短不难，一剪而已。但见识短了想走远站高，却并非易事。建议现代女性朋友们要努力把目标上往"大"处立，思想上往"高"处站，站位上往"远"处想，这样方能行稳致远。

克服"浮躁"心态

——杜绝"喜新厌旧"

媳妇说:"我们女人穿衣服总是喜新厌旧,衣柜里刚买的衣服连商标都还没摘,就已经看上了另外新款。女性在生活中,这些行为是可以理解的,但在工作中,却不能这样,要培育自己坚持不懈、轻不言弃的好习惯,否则,到头来后悔是必然。"

媳妇是一个说干就干,而且干就一定要干好的女性。媳妇工作18年来,她在每一个岗位上都做得很认真,很负责,持之以恒、久久为功用在她身上最合适不过。不像有些人,遇到自己不喜欢的岗位,就在那里抱怨是非,耗费时间和生命。媳妇认为,职业化发展首先就是要干好自己当前该干的事情。

媳妇在每个岗位,都是以一种学习的心态去做工作,她从来没有想过自己下一步要去哪个岗位,也没有给自己定下诸如"3年当部长""10年当总监"等目标,而是在哪个岗位就把这个岗位当事业干,甘愿付出辛劳与汗水。正因为媳妇没有喜新厌旧的心态,让她在每个岗位都能够沉下心来好好研究和思考。除了正常的工作外,她会主动思考当前存在的问题,研究解决的办法,还会考虑如何创新,提升部门的整体能力,等等。这种敬业和无私的工作精神让她在每个岗位上都得到了领导的肯定,换来的都是"被动"式的提拔重用,自己思想还没有准备好,就被公司安排到更重要的岗位上去了,这也导致她这个不"喜新厌旧"的人,却在公司干了十几个岗位。18年间,她从一名普通管培生成长为集团公司的高管。

兴趣爱好上，媳妇也是很能坚持的。就拿媳妇利用业余时间做公众号和视频号来说，她从一开始学习做公众号，到现在已经有8年时间了。公众号定期都会有文章更新，除了偶尔发布我们孩子写的优秀作文外，几乎都是她自己的原创，大概有几百期，每期都是认真对待。作为上市公司高管，工作本来就很繁忙，经常还要出差，换成其他人，估计干几个月就坚持不下去了。但媳妇却不是，她会整合工作之余的空闲时间来拓展她的兴趣爱好，比如，周末在家的时候，她会静下心来写文章，让我或女儿帮她录视频；现在每天晚上都要学习一段时间英语；等等。可以说，对于她这个大忙人来说，延续这些个人兴趣确实不容易，但她却一直在做。久而久之，在陶冶兴趣爱好的过程中，个人综合能力得到了完善提升。如：英语的听力与表达能力突飞猛进，文稿的撰写能力、总结升华的能力都在不断提升。

我也经常问媳妇是如何坚持下来的，同时做这么多事情，难道自己不觉得累吗？本来负责的工作就够多了，还要培育这么多的兴趣爱好。媳妇给出了3点启示。

媳妇观点一：**不能因为不喜欢就丢弃**。据了解，能一直从事自己喜欢和感兴趣工作的人不到10%。但面对社会现实，面对家庭生活，大家又不得不工作，因为没有了工作，也就没有了生活基础。既然大势如此，那我们女性也难独善其身。看待职业，我们女性不能总从自己喜好的角度去考虑，当然，如果能选择并一直从事自己中意的工作自然好，但概率不大。因此，在现实的工作中，我们要平衡好发展与爱好的关系，不能不感兴趣就不干，不喜欢就不做，这样的话，我们成功的机会就会大大减少，事业圈也会逐步缩小。其实，有些工作刚开始看似乎不适合自己，但随着深入了解及实践，你会在成长的过程中发现自己增长了一项技能、增加了一种能力，慢慢对其产生兴趣与热爱。记得我刚踏入职场时候，在企业管理部负责协调公司战略会议或公司高层会议，也就是"书记员"的角色，工作相对严谨且枯燥，当时的总经理就对我说："书记员是最有前途的。"刚开始还不太理解这句话的意义，随着自身的成长，越来越理解这句话的分量，现在发现很多能力是当"书记员"时练出来的。

媳妇观点二：不要蜻蜓点水就舍弃。 众人云："时间是检验一切成功的基础。"任何工作和事业，都需要时间来检验和保证。有些看似不到十秒钟的短暂绚丽，背后却是无数个日日夜夜的汗流浃背。不管我们是急性子女性也好，还是慢性子女性也罢，工作中都要牢记和遵循"功到自成"的规律，在工作上要舍得花时间，切不可急功近利、眼高手低、急于求成，总想着一蹴而就。我们要有一心一意的毅力，不要人浮于事，不能三天打鱼、两天晒网，要努力深钻细研。对待工作，就像我们女人买衣服，如果不舍得花大价钱，又不愿花心思去对比试穿，那肯定不能买到漂亮高质量的衣服。

媳妇观点三：不可遇到阻力就放弃。 干事创业，犹如逆水行舟，不进则退。在市场风云变幻的今天，我们女性在职场上的经历，就像浩荡江海上的一叶扁舟，必将面对惊涛骇浪和狂风肆虐。在残酷的现实面前，我们新时代的女性要学会坚强，不能遇到困难就害怕、受点委屈就后退，更不能鼻子一抹、泪花一洒就甩手回家当全职太太去。如果是这样，那我们肯定也干不了事，很难有机会干成事，我们的人生也就不可能富有激情与色彩。因此，我们要有"哭完鼻子再出发"的气魄，勇敢去面对困难，迎难而上，做到气势上不输阵，轻伤不下火线，这样，在自信的同时工作也就成功了一半。我们要习惯反客为主，把每一次困难挫折作为提升和锻炼自己的机会，主动从中吸取教训，总结经验，从而不断丰富自己的职场经历与工作能力。

> **我的启示**
>
> 　　经受风雨之苦方能感受彩虹之美。成就事业的真经不分男女，坚持是必经环节。走向成功是一个积累过程，既包含了知识的积累，也包含能力的积累，而积累的前提就是坚持。

克服"清高"心态

——少一些清冷

现在有些女性朋友,除了按部就班地工作外,对什么都不感兴趣,对自己岗位以外的业务漠不关心、置若罔闻,对其他部门的同事视同路人,虽然本身没有什么不对,但却给人留下了一种"贵妃病""公主病"的清冷感觉,这无形中会对工作的开展产生消极影响。

媳妇经常说,在工作中,我们要学会绽放自己,拥抱他人,要坚决克服过度清冷的性格表现,多一些热情与激情,多一点儿好奇心。

媳妇自参加工作以来,在我印象中,她都是很受欢迎的。她不是外向型的性格,但她有好学的心态与热心的品格。工作中,她喜欢向他人请教交流,也会毫无保留地去支持帮助同事,不仅积极处理好部门内部的同事关系,而且在其他部门需要帮助的时候,她总是"热心肠",因此身边的同事与她的相处都非常愉快。记得刚入职的时候,公司总经理、部门负责人以及媛媛姐、涛哥、芬芬等对她都很好,都是以娜娜称呼她,家庭之间也会经常串门。即使现在媳妇职务已经到了高层,但她们之间的友谊却还是纯洁如初,这种关系的延续与保持让我感受到了媳妇身上的随和与热心。

这些年,除了很多以前的同事经常联系她外,又有一些更年轻的伙伴进入了我们的朋友圈。他们习惯称娜姐,有男同事也有女同事,有媳妇以前的同事,也有现在分管的部门的同事。看到他们聊天时候的场景,让我感受到了轻松与愉悦。真的,就是那种无话不说、无话不谈的关系，根本看不到职务之分，感受不到任务压力。

媳妇在生活中也是这样。记得有一次全家回江西老家过春节。因为我妈妈是家里老大，舅舅、阿姨、表弟们都约好正月初三来给我爸爸妈妈拜年，大人小孩一共来了十几个，闲着没事，大家决定在院子里打扑克玩。我不愿意上桌打，这时几乎从不打扑克的媳妇却说她代表我上，打得可热闹了，输了不但不生气，反而开心得不行。这时几个邻居姑姑也回娘家来拜年，看到我们家热闹，就过来看看。看到我媳妇在那里和亲戚们打牌，穿着家里的布鞋，坐在小板凳上，她们跑过来和我闲聊，说我媳妇真随和，一点也看不出来是上市公司的高管，虽然拿着高薪，却丝毫看不出来有看不起农村人的意思，打破了她们对一线城市女强人的认知。我真没想到她们会说出这样的话，但我仔细想了一下，事实还真是这样，有一些大城市的女人回到农村，还真是看不起农村人，嫌弃这嫌弃那的，一副高高在上的样子。想想媳妇还真是不错。

关于如何去除工作中的清冷，媳妇说关键就是要有激情，也就是对工作中的事物要有好奇心。主要有以下3个方面观点。

媳妇观点一：对自身的工作不能清冷，要有好奇心。对在职场打拼的女性来说，如果我们过度清冷，产生不了好奇心，那么我们的工作必将如死水一般，安静得无趣，寂静得无味。这就要求我们要对职业怀有一分好奇心，怀有一分兴趣，这样才能干出激情，干出快乐。我们要满怀好奇心地去学习本职工作知识和技能，沉下心去学习我们岗位的标准、要求及特点，做到虚心好学、不懂就问，尽快使自己成为行家里手。我们要对企业的发展怀有好奇心，除干好自身工作外，没事时多学习了解公司的全面工作，如公司公开的年报、工作总结等，从中了解公司的战略定位、业绩目标、发展形势、存在问题等，提升我们的工作视野。我们要对所处的大行业怀有好奇心，闲暇之余，阅读一些本行业方面的书籍刊物，上网浏览了解行业发展的相关新闻，向行业内朋友虚心请教相关知识，在广泛的学习研究中，提升我们看待和理解本职工作的高度。

媳妇观点二：**对我们客户不能清冷，要怀有好奇心。**客户是我们的上帝，如果在他们面前表现清冷，那我们将失去很多合作的机会，也会给集体和个人带来利益损失。因此，对待客户我们不但不能清冷，还要对他们怀有好奇心，这样才能更加主动地研究他们，从而实现与他们的合作共赢。一方面，对待老客户，我们不能减少好奇心。人的品位是会变的，客户的需求肯定也会变，因此，我们要保持与老客户的沟通交流，要把好奇心的重点放在他们需求的变化上去，放在他们发展的变化上去，有些变化很微小，看似不影响与我们的合作，但我们也要高度重视，未雨绸缪，以小见大，一定要梳理出数据，分析出原因，尽快拿出解决办法去消除影响。对于新客户和潜在的客户，我们要把好奇心放在如何赢得他们的信任上。我们要珍惜与他们的每一次接触，对他们企业基本情况、产品需求、领导的背景及特点等方面都怀有强烈的好奇心，能多问一句是一句，能多掌握一点儿是一点儿，只有这样，我们才能准确地分析他们的需求，从而用真诚去满足他们的需求，获取他们的认可。

媳妇观点三：**对单位的领导及同事不能清冷，要怀有好奇心。**领导和同事是工作中接触最多的朋友，如果我们女性习惯耍"公主脾气"，为人处世表现清冷，那就有可能会被误解、被孤立、被排斥，开展工作肯定会被动和不顺畅。论语中有句话："择其善者而从之，其不善者而改之。"对领导和同事怀有好奇心是推动我们向他们虚心学习的内驱力。对领导产生好奇心，必然会促使我们主动去了解和打听领导的成长经历、工作业绩、办事风格及个人性格等方面，在这个过程中，我们必然会发现领导身上的闪光点，从而找到学习的榜样，提升我们在接受任务时的默契度和完成任务的效率。对身边同事产生好奇心，就会助推我们主动去接触他们，这样不仅可以尽早融入集体之中，还可以学习他们的工作经验，甚至从他们的走过的弯路中吸取教训，规避风险。

> **我的启示**
>
> 　　在女性成为半边天的美好时代，女性朋友一定要珍惜机会，在工作中力戒那些让人闻之生厌的"贵妇病""公主脾气"，少一些清冷，多一分好奇心，这样，我们就会多一些机会和惊喜。

我的高管媳妇成长秘诀二

练就 8 个特质

当今时代，是经济全球化的时代，也是现代女性全面崛起的时代。世界上每个地域、每个领域、每个行业、每个企业、每个岗位上都有我们女性奋斗拼搏的身影。

媳妇认为，现代女性在职场上面临的竞争相当激烈，除了女性之间的竞争，还要面临男性对手的挑战。如果要想成功，除了要克服"天性"问题外，更要善于发挥女性优势，练就和打造我们的女性职场特性。

总结分析媳妇的成长过程，柔中带刚、"女汉子"的担当、内驱的拼搏力、乐观精神、奉献精神、辩证的"家事观"、表里如一、终身好学8种特性是成就她的成长秘诀中的重要组成部分，而这些特性也是现代女性在职场中成长发展至关重要的因子，是提升思维、激发活力、突破自我的关键，更是在职场中实现成功、放飞自我的重要支撑。

柔中带刚的韧劲

媳妇认为，女性与柔性密不可分，无论小家碧玉，还是心宽体胖，柔性都是她们与生俱来的天性。柔性看似温和和谐，但也是不失温度与尺度的刚强。女性要运用好柔性的天性，在风韵和谐的同时，也要迸发出刚强之势。

媳妇平时看上去好像是一个比较放得开的人，干起工作来拿得起放得下，但了解她的人，都知道她其实是一个比较温和、心细的人，做事很认真、很负责，遇事也不急躁、不激进。

记得有一次陪她去浙江台州，她是去检查生产基地，我则是去台州看一看海。在办完事后的最后一个晚上，大家相约在一起吃个晚饭，当时有8个人，就我和他们一位事业部的领导是男的，其他6位都是女性同事。饭后，一位台州本地的女同事开车送我、媳妇以及那位男同事回酒店。在车上，那位男同事和媳妇聊一些关于工作方面的事情，也当作一种工作汇报，毕竟谁也不想放过这么近距离与领导汇报工作、争取资源的机会。每当他说到某个人的时候，媳妇都能耳熟能详地说出那个人的姓名、大致年龄、经历、特长、缺点等情况，好像很熟悉的样子，但这些人压根不是媳妇直接管理的，有的甚至都没正式见过面。这让送我们回来的这位女同事佩服得不行，虽说媳妇兼任人力资源总监，但集团公司毕竟有6000多名员工，能如此了解员工情况确实厉害。

这位同事以前是当老板娘的，她说自己每天都可以见到员工，但对员工从来没有这么详细的了解。她带着敬佩的眼神问媳妇怎么做到的？媳妇告诉她，其实这也不是什么难事，自己只是把女性细致细心的柔性优点运用到工作上而已，平时自己会认真研究公司关键岗位员工的基本情况，有些东西会努力死记硬背下来，然后利用每次出差去基地检查的机会直接或间接了解、询问情况，加深对这些重要岗位人员的印象。长期坚持下来，就对这些人有了全面的了解，这才能为公司的人力资源布局提供科学的、具体的、高效的意见建议，实现"不浪费人力、不用错人才"的目标。

媳妇说，柔中带刚，刚柔并进，这就是我们女性柔性美的魅力所在。

媳妇观点一：日常工作心如针，细腻则是刚强。工作中，女性同事的工作特点缺不了"细"字。比如，文章文字的校对，我们女性很细心，逐字逐句一一核对；安排会议时，会细心地考虑到会议议程、相关列席人员、每人发言时间，甚至茶水、纸巾等；文档的保管，很多女性同事会细心地在标签上写好备注；安排领导参加剪彩活动时，会随身多携带两把剪刀，等等，这些看似细微，但却是干好工作的基础，也是成就事业的关键。诸葛亮为了让五虎上将之一的张飞克服粗枝大叶的习惯，安排其在战前学习绣花，目的就是要让他学习女人心细如针的天性，这也是我们女性"细腻"的魅力所在。细节决定成败，就是这个道理。

媳妇观点二：异常处置不急躁，冷静则是刚强。在平常工作中，女性表现出来的是细致、温柔，感觉气势没有男性那么风光耀人、夺人眼目，让人感觉略显拘束谨慎，但这丝毫没有影响我们女性的工作质效，尤其是在异常情况发生时，我们女性的柔性则会转化为冷静镇定。如：原因不清楚之前，决不贸然处置；处置突发情况，严格按照预案进行，决不违背科学规律；请示报告要全面及时，决不避重就轻，等等，这些都是需要冷静才能做出的正确处置方法。

有些人会认为，突发情况下要的就是快速反应，根本没有时间去考虑这些细枝末节，考虑太多风险，就是胆小怕事，就是过度谨小慎微，不仅会耽误处置时间，也产生不了什么价值。这些都是典型的急躁心理，一心只想快速处置和消除影响，却忽视了预案与科学，出问题是迟早的事。所以，处置异常情况时，我们女性的冷静更能表现出刚强的魅力。

媳妇观点三：机会面前不激进，清醒则是刚强。"大事讲原则，小事讲风格"，这是男人们天天嘴上念叨的至理名言，但在大事来临时，特别是机会、利益、诱惑形成的组合拳面前，很多男人早就把嘴上的名言忘得一干二净，什么"富贵险中求""敢想才会有"等豪言壮语在大脑中完全占据主导，结果可想而知，"富贵没有求到，风险倒是真的发生了""想要的好处没有得到，没想到的麻烦却纷至沓来"。我们女性恰恰相反，在机会面前，我们时刻能够保持谨慎，善于清醒地分析判断各类风险，不会因为几句吹捧奉承和甜言蜜语就激动不已，也不会因为对方把前景吹得天花乱坠就失了分寸，我们会理性客观地分析机会中暗藏的风险，会采取文字、数据、图表等形式，全面梳理出来提供给大家研究讨论，在这些系统分析的数据和事实面前，很多所谓的机会谎言则不攻自破。

> **我的启示**
>
> 女人刚性虽不如男性，但如果女性朋友能善于发挥我们的柔性优势，比如女性的认真、细致、谨慎、冷静、温和等，并把这些运用到工作中，则一定能打出女性特有的"刚强"。

"女汉子"的担当

媳妇经常说，想成事就要去干事，干事就不能怕事。在事业的金字塔上，成功只会一视同仁，绝不会偏袒我们女性。在职场中，我们很多女性事业心都很强，理想也很远大。因此，在事业成长的关键期，职场女性也要像男人一样敢闯敢干，敢于担当，当一个想干事、敢负责、能创新的"女汉子"。

记得媳妇刚出任品质经理的时候，部门的管理是比较混乱的，品质部的大门其他人员可以随意进出，部门管理制度可以说是形同虚设。年轻的媳妇看在眼里，记在心头，心想："这样的管理怎么能够做好品质工作，如果不改变，打造完美品质就只能是一句空话。"

当时因为刚上任，又没有成绩，想申请专用经费或者资源支持来轰轰烈烈地干是不可能的。因此，媳妇到仓库找到一个闲置的旧防盗门，请工程队的人把它简单设计修改后，直接安装在品质部的大门处，然后在门上贴上"品质工作专区，闲人免进"的提示。也就是从这道门开始，拉开了品质部管理改善与质量提升的序幕。比如：要求人员进入品质工作区必须穿白大褂，非特殊情况外人不得进入工作区，所有的化验、检验必须按制度进行登记、签名、审核等，该标签化的必须严格执行，等等。可想而知，这一系列的改革肯定打破了大家的传统习惯，有的员工会有牢骚抱怨，有的外人也会说风凉话，但媳妇不理这一切，她不管能不能干出成绩，也不管会不会得罪人，心无旁骛地推进改革，坚持要打破过去那些不好的思维习惯，纠治一些不合理的行为。

正是因为她这种大胆的改革创新、勇于破壁担当，短短几个月后，品质部的管理就快速正规起来，品质工作标准也提升了，以前大家瞧不上品质部，现在也肃然起敬，品质部员工的自豪感也增强了很多。更难能可贵的是，某全球日化企业来考察合作的时候，对公司品质部的管理给予了高度肯定，说"没想到贵公司的品质部管理会如此规范，如果不是因为这个，大概率不会选择与贵公司合作"，这是对媳妇工作的极大褒奖。

媳妇观点一：**要有坚持实事求是的品格。**实事求是看似简单，但做起来却并非易事。实事求是是我们在工作中最基础的担当，也是最关键的品格。我们要养成说真话的好品格，知道就是知道，不清楚就是不清楚，是什么就说什么，千万不要为了面子或者为了给领导留下好印象而瞎编乱造，这样迟早有一天会穿帮的，到头来得不偿失。对待功利，我们要实事求是，该是自己的就是自己的，不该是自己的切不可损人利己；对待任务，我们也要实事求是，能干就爽快接下，实在不行就要反映，别到时任务没完成，影响了团队整体利益。评价部属，我们要客观公正，成绩优点不掩盖打压，问题缺点不遮掩回避，要对别人的工作付出和成长进步负责。因此，我们女性在工作中，要敢于坚持实事求是的品格，只有这样，才能有底气去干好工作。

媳妇观点二：**要有越挫越勇的勇气。**失败并不可怕，可怕的是失败后不敢担当，不想负责，不知悔改。我们女性要想在职场上拼得和男人一样的地位，赢得尊重与肯定，那就要练就敢于正视失败，敢于对失败负责，敢于在挫折后再出发的勇气，这是干事创业必不可少的。当任务失败时，我们不要只想到委屈，动不动就哭鼻子，而是要拿出女汉子的样子来，勇于直面问题，主动承担责任，接受处理处罚，同时还要认真查找自身存在的问题，分析原因，制定整改措施。当团队工作出现问题时，我们不要怕事躲事，而是要主动站出来认领问题，勇敢承担起领导责任，以"大姐大""女汉子"的姿态和勇气，带领团队吸取教训，放下包袱，背起行囊再出发。

媳妇观点三：**要有迎接风险挑战的精神。**挑战精神本身就是一种担当，因为挑战就要接触新事物、新领域、新考验，伴随其中的就是困难、风险与付出。现在很多有抱负和进取心的女性，要么是处于成长关键期，要么处于比较重要的部门和岗位上，这些都是机会与风险并存的工作，要想干好就必须要有挑战精神。如：面对组织机制上的改革调整，我们要敢于挑战，不要怕得罪人，不要怕被别人穿小鞋，要认真分析当前架构机制存在的问题弊端，学习和借鉴先进组织架构，为领导提出科学精细的意见建议；面对技术上的创新，我们从小从早入手，深入一线调研学习，发扬敢为天下先的魄力，不怕反复、不辞辛劳，在坚持不懈中实现突破；面对业务上的拓展，我们要勇于接受新任务、新项目，发扬不怕苦、不怕累，不抛弃、不放弃的精神，主动创新思维、克服困难、开拓市场，在脚踏实地、奋勇拼搏中当好开拓"急先锋"。

> **我的启示**
>
> "女汉子"这个词虽然不好听，但前进的道路上却离不开"女汉子"的担当精神。让我们为职场上那些不畏艰难险阻，勇于突破自我的"女汉子"们鼓掌加油，为她们不畏艰险，不计得失的担当精神呐喊点赞！

内驱的拼搏力

　　媳妇的成功，离不开勇往直前的拼搏奋斗。她经常用"宝剑锋从磨砺出，梅花香自苦寒来"这句励志名言来勉励自己。

　　媳妇的拼劲是有目共睹的。她现在是一分时间当二分用，天天想着"分身术"。经常是白天在公司上班，晚上在家里和美国那边开视频会，由于时差原因，几乎是连轴转，好几次都是开到凌晨。出差对她来说就好比是说走就走的"旅行"，很多时候出差回来时都是半夜了，但早上还是正常开车去上班，从来没见她说要补休一天半天的。

　　媳妇当品质经理时，经常见她做的事情就是记那些繁杂的符号和数字，小本子写得密密麻麻的；当厂长时，她又是记厂里那些设备的性能、产能以及员工的情况；任人力资源总监时，又是背记一些关键员工的基本情况、基地人员分布情况，反正就是要对自己的工作做到心中有数，如数家珍。

　　媳妇经常是身兼数职的，现在是集团公司副总，依旧兼任总经理助理和人力资源总监，还负责美国那边的项目。工作内容太多，但她没有忽视任何一个岗位。在家里经常看她拿着手机一会儿给人力资源部开会，一会儿给老大写稿子，一会儿又组织分管的部门领导开会，周末还有两次对接美国项目那边的晚间例会，经常需要角色转换。在家尚且如此，更何况在公司，让人看着都晕，但她却每件事情都处理得很好。饭后在小区散步的时候，经常是我带孩子在前面走，她拿着手机在后面聊工作，着实让我感到佩服。

　　媳妇说，我们女性在职场成长关键期，最重要的也是一个"拼"

字，如果不去打拼，想取得进步突破是很困难的。

媳妇观点一：时间上要去拼。工作中，同事之间的区别关键在于八小时以外。八小时以内，大家都是从事相似的工作，很难区分高低，但八小时之外就不同了，有的人在应酬，有的人在刷抖音，有的人在加班工作，有的人在学习知识，久而久之，能力的区别可想而知。因此，我们女性要舍得在时间的赛道上拼搏，千万不能按部就班，循规蹈矩。努力做到：工作时间要充分利用，不可浪费虚度；大项任务来临要主动加班，舍得时间投入；休息的时候要加强自我学习充电，提升能力。同时，要把碎片化的时间利用起来，如早晨早起点儿看看书，孩子睡觉后强化一下专业知识，等等，积少成多，积量变为质变。

媳妇观点二：标准上要去拼。标准既是能力的体现，也是态度的外在反映。我们在标准上要拼"高"。工作中，我们要认真对待每一项任务，不论轻重缓急、事情大小、领导关注与否，都要用心去思考，全力去付出，确保高质量完成任务，让领导放心，让同事满意。我们还要在标准上拼"新"。很多工作，大家习惯按老经验来判断，完成的方法和结果几乎一成不变，效果可想而知。因此，我们要勇于打破传统思维，勇于在传统的基础上破恶习、开新局，拼出新质量、新高度，这才能把自己的工作凸显出来。

媳妇观点三：任务上要去拼。我们要想成功，必然离不开任务的引领，要在完成任务的过程中不断锻炼和提升自己。任务多时，我们要拼思想认识，自觉将"要我干"变成"我要干好"，这也是能否较好完成任务的关键，思想上主动了，行动上自然动力更足了。任务量不够饱和时，我们要主动向上级要任务，或者主动挖掘新任务，不让自己闲下来、懒下来，时刻使团队和自己保持充实亢奋的状态。在执行任务过程中,要坚持不懈,在筹划部署、任务分工、实施推进、检查验收、总结反馈等方面,都要全力以赴,精益求精,在一次次的任务实践中获得新的进步。

> **我的启示**
>
> 　　爱拼才会赢!爱拼才会有希望!爱拼才会有未来!在充满竞争的职场里,广大职场女性要敢闯敢干,拿出奋斗者的姿态去奋勇拼搏,拼出能力,拼出实力。

乐观向上的精神

　　媳妇是一个很乐观的人，做起事情富有激情。平时大家厌烦的加班、开会、出差，等等，发生在她身上时就很少听到抱怨，总是很乐观地去对待。对待工作上的挫折失败、生活中的矛盾冲突，她总是能够很快地调整，乐观地面对。

　　记得前几年，公司搞改革，人事变动很大，那一段时期，媳妇还是中层领导，进退走留的问题自己不能决定。当时，由于个别高管对媳妇存在偏见，在最后的人事安排上，媳妇被安排到了一个不重要的岗位，可以说是有被边缘化的趋势，虽然还是中层领导，但职责却没有以往那么重要了，从当时的情况来分析，在公司的发展估计也就到头了。如果放在一般女性身上，肯定会难以接受，甚至会去找领导提出异议。但媳妇的反应却比较淡定和乐观。她说："如果自己是金子，到哪里都能发光，不要在乎一朝一夕的得失，多一个岗位锻炼也挺好，虽然位子不是很重要，但依旧能够丰富自己的经历。另外，也会轻松一些，这样正好可以给长期紧张疲惫的身心放松一下，未尝不是一件好事。"

　　听她这一分析，我感觉还真不错，心中的担忧少了很多。媳妇在那段时间认真地把 HR 三支柱背记了下来，并对照公司实际进行了深入研究，无意间为后来 HR 的工作奠定了坚实基础。

　　也正是在那个阶段，我们决定生"小二"。当时还有一个小插曲也写出来和大家分享一下。因为我们的老大是个女儿，所以决定生二胎时，还是想争取要个男孩，这样一男一女凑个"好"字。于是我们请教了一些有经验的大姐，感谢老天的恩赐，果真如我们所愿，成功生下了我们的"小二"，实现了我们儿女双全的"好"愿望。

媳妇还利用那段时间，静下心来完成了两本著作，对自己的工作进行了一次很好的总结梳理，理论水平在总结的过程中得到了升华。两年后，媳妇又被集团公司提拔到重要岗位上，之后成为总经理助理和人力资源总监。在后来的工作中，前面自我调整阶段的成果也得到了很好的体现和运用。

媳妇常讲，女性在干事创业的进程中，少不了忙碌、困难、挫折、委屈、失败等"难朋难友"的陪伴，如果没有一个好的心态去面对，去适应，则很容易被打失信心，击退斗志。特别是我们女性，内心天性本来就要脆弱些，那就更要强化自己的乐观精神，相信只要坚持付出，成功不会遥远。

媳妇认为，在努力的道路上，乐观是一味高效的助力剂，它让努力的过程变得没那么痛苦，让幸运的到来也变得没那么困难。乐观的人容易感知幸运的光芒，从而让自己享受到更多的、更温暖的阳光，从而更自信、更容易满足，无论工作还是生活也都更容易美好。

媳妇观点一：乐观对待忙碌。 工作中，有些时候是身不由己的，任务来了，肯定是要抓紧时间加油干，尤其是接到重要任务时，加班加点是常态，顾不上家庭、接送不了孩子的情况比比皆是。因此，忙碌是成长进步关键阶段必不可少的状态。面对忙碌，我们不能消极抱怨，也不要有什么畏难情绪，相反要保持乐观积极的心态，将忙碌看作是锻炼能力、提升素质的一种机会，看作是充实自我的一种状态。心态变了，站位也就高了，工作的积极性则会更加足了。

媳妇观点二：乐观对待困难。 成长、成熟、成功的道路不会因为我们是女性而变得一帆风顺，实现梦想的征途上自然少不了挫折和失败。由于我们是女性，面对这些困难与考验时，承压能力先天不如男性，这就要求我们更要注重去磨砺面对困难的心理意志。我们要乐观看待困难与挫折，坚信"失败是成功之母"，坚信"付出终会有回报"，坚信"风雨之后就是彩虹"，坚信所有的困难都是"黎明前的黑暗"，以积极的心态和行动去迎接灿烂的光明。

媳妇观点三：乐观对待委屈。俗话说，人生不如意事十之八九。在工作中，我们会接触各种各样的任务，也会接触各式各样的对象，在完成任务的过程中，不可能做到完美无缺，尽如人意，其间，肯定会遇到与人争执、受人埋怨、被人误解、被领导批评等情况，委屈必不可少，哭鼻子的情况也不会少。在这种形势下，我们不要灰心，千万不要被委屈摧垮我们的进取之心、奋斗之志。我们要乐观看待这些委屈，因为每一次委屈都是一次历练，每一次委屈都是一次成长，都是我们进步过程中不可缺少的元素，我们要从中学会高效办事的专业技能，学会与人相处的协调艺术，提升调节自我情绪的自控力，最终实现应付自如的目标。其实过多的表扬和褒奖不一定是好事，有些时候来点委屈的刺激更能成熟我们的心智，丰富我们的情感。

我的启示

性格决定命运，心态决定成败。不论男性女性，在职场中都会遇到各种困难挫折，有的打击甚至是接二连三，频发不已。在一时无法改变的没落和低谷中，我们要学会与自己和解，及时把过去翻篇，乐观积极地坚持奋斗，这样就一定能够赢得内心向往的成功。

主动自我迭代

媳妇刚当总经理助理时，以为总助就是总经理的一个大秘书，协助处理一些日程安排和日常事务即可。但一件事情深深地刺痛了她。

有一次，一名事业部总经理拿了一份项目方案给媳妇看，说是要跟她讨论一下项目验收的奖励事宜。媳妇看着只有3页纸的项目方案，虽然觉得方案不尽详细，但却提不出实质性的项目管理专业问题。她所提出的一些疑问，均是一些表面的问题，如项目进度的把握、项目验收标准的合理性、项目人员的配置与架构等问题。而事业部总经理的回答也很一般，没有触碰到问题的核心，即便这样，媳妇虽感觉不是很好，但却说不出一二三，只能一笑而过。事后，她就想，出现以上问题的原因就是自己一直没有接触过这个领域，也没有看过类似的书，在陌生的知识领域里，自己无法快速识别"有效的痛点"。于是当即就决定去报名学习项目管理，而且是"越级"知识——PgMP（国际项目管理专业人士认证）。

经过连续3个月的学习，媳妇顺利拿到了PgMP证书。证书拿到了，媳妇并没有止步，而是要用学到的知识去审视公司当前的项目。为了达到这个目的，媳妇开设了项目管理专业课程，参与人员是取得PgMP证书的员工、各部门负责人、工程部人员以及曾经参与过项目的人员。这样一来，全公司有机会参与到项目的员工都被囊括进来了，让他们对项目管理的专业知识有基础性的了解，提升他们设计、组织和运行项目的能力。这为公司在管理项目领域的发展发挥了重要作用。

除此之外，媳妇还把工作中遇到的一些专业知识领域问题列成清单，不断加强学习和研究，让自己一步步实现自我迭代，这也成为推动她胜任这个岗位的灵丹妙药。

通过这件事，也让媳妇打破了传统的总经理助理思维的束缚，通过不断的自我迭代，走出了一条专业型总助之路，并撰写出版了《上市公司总经理助理工作笔记》一书，深受广大读者们的喜欢，有的读者专程来广州请教，有的则是在书上写了满满的学习笔记和体会，还有的读者直接用书上的方法通过了世界500强公司的面试。

媳妇说，想要追求成功的女性，就必须要勇敢地去开疆拓土、向前奋斗。而这个过程中，自我迭代的意识和行动必不可少。

媳妇观点一：坚持把日常工作干扎实，这是自我迭代的基础。有些女性朋友，刚上班时很有激情，每天勤勤恳恳，兢兢业业，但干了一两年对日常工作比较熟悉之后，就失去了热情，恢复了死水般的平静，像对待衣服那样喜新厌旧的毛病不自觉就表现出来了。这种情况下，日常工作运转是没什么问题，但想要实现更好的发展就难了。因为日常工作是我们生存发展的基础，也是我们义不容辞的职责，没有日常工作，就不会有我们现在的岗位，我们就没有存在的必要价值。因此，我们必须端正对待日常工作的认识态度，从立身之本、生存之基、发展之道的高度来重视日常工作，这样才能持续激发我们认真干好本职工作的热情，才能打牢我们个人自我迭代的稳固基础。

媳妇观点二：注重点滴提升创新，这是自我迭代的支撑。缺少创新，就像在森林中迷路一样，来来回回原地打转，一年忙到头还是原样，这样不可能实现迭代。我们女性可以发挥天生细心细腻的优势，从各项工作的细节中去寻求可以提升的改进点和创新点，发动大家集思广益，研究提升创新方法，并将具体任务细化到具体动作和具体人，积少成多，积点成圆，在一点一滴的提升创新中，推动团队和个人螺旋迭代。我们要针对行业发展的前瞻方向、当前业务存在的瓶颈问题等，有的放矢去学习研究，结合实践去学习研究，从而更好促进知识和能力的自我迭代。

媳妇观点三：注重做好总结工作，这是自我迭代的关键。 工作总结是我们女性的强项，因为大部分女性在家庭开支中都有记账习惯，有些女性还喜欢记录家庭发生的大事情，这些都是总结。因此，在工作中，我们要发挥好善于总结的强项，用总结来助推我们更好实现迭代。作为女性领导，我们要将团队的工作进行分层、分步骤量化细化，每个小项都要做好小结，定期做好阶段性总结，任务完成时要进行全面总结。在每个步骤的小结或总结中，我们在用成绩肯定过去、鼓舞士气的同时，还要积极推广好的经验做法，在最大化发挥好经验好做法的作用中助力自我迭代。我们也要坚持问题导向，总结教训，分析原因，研究解决问题的办法并逐个解决，在解决问题的实践中助力自我迭代。

> **我 的 启 示**
>
> 　　我们只有自觉自我迭代，才能不落后于时代发展，才能适应风云变幻，才能更好引领团队发展。

不让家事捆绑自己

  我们家老大喜欢用一句话来形容我们家庭关系，那就是"我们都活得挺自己的"。听上去感觉挺有意思的，但从女儿的话中可以看出大家在家庭中的自由与平等。

  媳妇是一个女人，她自然会知道并且去履行一位妻子和妈妈在家庭中的责任，比如为我们做饭、洗衣服、陪孩子、打扫家里的卫生，等等，让我们感受到她的温和与温情。但作为一位上市公司的高管，她的工作非常繁忙，工作自然会占用她的生活时间，晚上加班、在家开会、周末出差，等等，这些对我和儿女来说已经是家常便饭。

  如何处理家事与公务的关系，这对媳妇来说非常重要，这一点她做得很好。当然，也许有的人会说媳妇命好，嫁了一个愿意为她付出的好伴侣，生了一对懂事的儿女。其实不然，之所以我从内心很支持媳妇，儿女从内心很解理妈妈，很大一部分原因是媳妇能够处理好家事与公务之间的关系。虽然她很忙，但她却能够给予我们高质量的陪伴，给我们高质量的关心，让我们感受到她高质量的陪伴。

  我们家条件不说很好，但也还算不错，夫妻都有着令人羡慕的职业和稳定的收入，房子上中下三层面积也不小，现在我们是自己带孩子，老大平时住校，老二上幼儿园，按理说请个保姆来帮助做家务是很正常的，但媳妇却不想请，她认为虽然我们很忙，但只要我们愿意付出，家务是可以处理好的，在这个过程中，也是进一步增进家庭关系的好机会。除了特殊情况，她每天坚持回家给我们做饭、洗衣服，我则负责接送孩子上下学，下午需要先放老人家那里一会儿，下班后我再接回家，周末她会打扫全屋卫生，组织我们一起运动，给我们做大餐。周末孩子的学习上，我负责送小二学英语，她负责送老大回学校。看似有些辛苦，但我们却乐在其中。

媳妇常说，家事国事天下事，作为新时代女性，我们既要管好家事，更要敢做天下事。

媳妇作为一个新时代的女性，她没有被传统女性思维束缚影响，没有整天围着丈夫、孩子以及老人转，而是在追求自我发展的实践中，细心处理好公务与家事，工作上勤奋努力，家事上科学安排，并与我们保持良好的沟通，用质量与真心换时间，用科学与智慧换空间，从而成功实现工作与生活的双丰收。

媳妇观点一：要辩证看待家事。家事是天下最烦琐的事情之一，麻雀虽小，五脏俱全，要操心的事太多，从标准上来说没有最高，只有更高。如果我们女性不能辩证看待家事，即使你每天废寝忘食，也不可能干到完美满意。我们要从内心接受家事的繁杂性，都说家家都有一本难念的经，不可能你家没有，接受了也就习惯了。在处理家事过程中，我们要坚决克服完美主义思想，不要什么事情都要刨根问底，也不要什么事情都想着让所有人都能满意，更不要痴心妄想所谓的一劳永逸。因为不是所有的家事都可以讲道理，这也意味着家事不可能是十全十美的。

媳妇观点二：要合理分工家务。作为家庭成员，为人妻、为人母，我们肯定要承担对家庭事务的责任，这与我们的工作一样重要。但有些女性会把家务看成自己一个人的事情，习惯包揽一切，导致自己忙得要死，经常请假，从而影响了工作。对待家务，我们要与丈夫、孩子商量沟通，一起商量家务的分工问题，比如妻子做饭、丈夫刷碗，妻子洗衣服、丈夫扫地拖地，也可以让孩子参与到家务中来，比如倒垃圾、协助妈妈晾晒衣服等。大家每人都分担一些，不仅干家务的效率提升了，还可以促进家庭的团结协作。这样，我们女性就可以抽出时间来看书学习，想工作，干事业了。

　　媳妇观点三：**要学会适当放松自我。**在成长进步的关键阶段，我们的工作肯定清闲不了，这在一定程度上必然会与家事在时间上、精力上出现冲突。其实，对待家事，我们不要过度紧张和投入，有些时候放松些，效果还会更好。比如，有些家事我们点到为止，或许会好于喋喋不休；有些家事我们只讲大方向，或许好于事无巨细，等等。我认识的一位妈妈工作干得很认真，年年在单位当先进，由于自己没有时间给孩子辅导作业，一度担心孩子成绩受影响，但后来恰恰相反，她的孩子看到妈妈的工作成绩后，内心深受鼓舞，还将妈妈当成自己的偶像，学习的自觉性有了很大提升，成绩也进步明显，这比天天辅导孩子的效果还要好。所以说，对家事的适当放松反而会有另一种效果。

我的启示

　　自古以来，人们就有一种习惯认识：男人管外，女人管内。虽说这种传统认识也有一定的道理，但作为现代女性，大家要辩证看待这个问题，要有自己的思想和目标，切不可整天只知道围着家庭事务转，被家事捆绑住自己的心灵与手脚，这样是不可能实现自我价值的。

坚持表里如一

媳妇任企业管理部主管时，当时公司正在推进企业文化的重塑，为此，媳妇决定趁势而上，从最基本的组织会议和沟通落实开始，推动公司发起一场文化的"变革"。比如：约定的会议时间决不等一秒，迟到罚款，旷会处罚；会议承诺要按时完成，否则按约定处罚；日常沟通，答应的事情就要主动对接，按时完成，不拖延、不耽误。

媳妇作为发起人，她坚持以身作则。她每次会在会议开始前30分钟到达会议现场，准备会议的一切工作；会议上做好会议纪要，跟进会议上的每一项决议及作业，协助跟催、提醒其他参会者按时落实完成，极大提升了会议的效率。记得一次会议，公司一位高管迟到了，按照规则要罚款一百元，但以往出现这种情况，会议组织者就当没发生一样，谁敢去找高管罚款，不是没事找事，就是自讨没趣，对自己肯定是有百害无一利。但媳妇却做到了表里如一，她坚持迟到就要按规定罚款，不能因为是高管就不敢按规定办事。于是，她还真拿着制度规定文件去找那位高管，要求他交纳100元罚款，虽然最后被那位高管给骂了出来，但钱还是收到手了。正当媳妇感觉很委屈的时候，她的领导找了上来，告诉她说，刚才那位高管打电话过来，为自己冲动的行为道歉，让他向媳妇转达自己的歉意，并表示下一次决不会无故迟到，对媳妇的做法给予了充分肯定，还表示要让自己部门的人也要向媳妇学习。这件事让媳妇更加坚定了表里如一、说到做到的信念。

有一次，媳妇在跟行政部领导沟通工厂的轮值方案时，她承诺会在3天内提供方案以及相关的参考资料，并协助完成方案的实施。那位领导以为媳妇只是说说而已，敷衍答应了，毕竟这也不是媳妇说了能算的事。没想到第3天，媳妇准时拿着方案找到了那位领导，这让他感到很惊讶，也很敬佩，很开心地参与讨论起来。最后，该方案取得了非常好的效果，该事件也在公司内部传开，媳妇言而有信、诚信待人的良好形象逐渐让公司更多人所认可。

媳妇常讲，工作中最重要的就是诚信，只有始终保持表里如一、言行一致的良好品行，才能持续赢得领导的信任，赢得同事们的支持。

媳妇观点一：坚持言出必行。 这也是表里如一中最重要的部分。我们女性在工作中，要想树立自己的良好形象不容易。这就要求我们要说到做到，千万不能以喊口号代表干事业，本来女性就给人一种"说话不用负责"的印象，如果再不注重言行一致，很容易让人对号入座。因此，要么不说，说到就要努力去做到，用行动向大家证明自己。对于没有把握能做好的事情，不要轻易吹牛表态、高调应承，最后完不成会影响个人形象，久而久之，就会失去组织及同事对我们的信任。

媳妇观点二：做到真诚相待。 待人真诚也是表里如一的关键，我们要把真诚与女性的温柔区分开来，不是你说话声音小点就是真诚，也不是你对人客气点就是真诚。真诚是实实在在的真心，是发自内心的诚实信义。对领导，我们要真诚尊敬，表现在内心上尊重领导，行动上服从领导，做到思想上理解、工作上支持、生活上关心。对同事和朋友，我们要真诚团结，多做一些锦上添花和雪中送炭之事，不要做过河拆桥、落井下石等违背道义之事，做永远的朋友。对待对手，我们要真诚相交，坚守职业规则，公开公平参与竞争，切不可干损人利己甚至损人不利己的事情，该帮一下的帮一下，能放一马的放一马，毕竟"三十年河东、三十年河西"的事情，谁也很难预料。

媳妇观点三：主动自警自省。 金无足赤、人无完人。敢于承认自身的问题，勇于正视个人的短板，这也是表里如一的高贵品行。尤其是我们女性，从小就被家人宠着惯着，多多少少养成了一些小"陋习"，在生活中家人可以包容我们，但在工作中我们自己却不能视而不见。我们要清醒地认识自己，客观地评价自己，对于存在的问题，要静下心来分析原因症结，自觉做好整改提升。对待工作失误，我们不要推卸责任，不要回避自身的问题，要主动接受批评，这样，才算得上是真正的实事求是、表里如一。

我的启示

表里如一，内外兼修，是我们在工作和生活中都需要追求的一种高尚品行。人无信不立，不论你是普通人，还是大家眼中的成功者，要想赢得持久尊重与信任，走向长远，就一定要做到表里如一，真诚为上。

终身好学的习惯

在学习上，媳妇也是很刻苦的。她为了适应岗位需要，除了在工作中学习外，她会主动去拓宽自己的知识面，比如，她会买很多书回来看，经常坚持看到深夜，家里现在仅她的书都已经有几百册了，公司办公室还有不少，感觉比当学生时还要好学。

媳妇的学习可以说是永无止境的。她一会儿说自己是人力资源总监，要考一个心理咨询师，以便更好了解员工的心理表现，做好沟通工作，于是买来了心理咨询师方面的书籍，在家没事就看，结果一次性通过考试，成功拿到心理咨询师证。一会儿说自己分管安全生产，又报名学习安全工程师，于是又买来了这方面的书籍，每天又是加班加点学习，现在已经考过了3门课程。

前两年说自己想提升一下学历，二话没说就联系学校，报考了博士。当时我觉得她才本科学历怎么可能直接读博士呢？可人家凭借自己出版的著作以及教授的推荐，还真就被录取了，成为在读博士，目前正在博士论文的撰写阶段。

前段时间，公司决定让她负责美国项目。这又激起了她学习英语的热情。现在每天在家一有空就听英语，读英语，写英语，与外教对话，还为此在视频号上开了100期英语专栏。记得今年我们一起跑广州马拉松（半马）和黄埔马拉松（全马）时，刚跑完放松结束，她就立马拿起手机要我们给她录制视频，说要用英语来记录此时此刻的感受，也正好以此来促进提升自己的英语表达能力，看到她那种学习的劲头，弄得我是哭笑不得，只能拖着疲惫的身体陪她拍视频。

我的高管媳妇成长秘诀二：练就8个特质

关于参加工作后如何看待学习，媳妇主要有以下5方面观点。

媳妇观点一：**要以"备考"的姿态来学习。**俗话说，活到老，学到老。如果我们不能够保持终身学习的态度，那本身就是一种退步的表现。在充满竞争的时代，我们身份虽不是学生，但在学习上，我们要比学生还要自觉自律，比学生还要能吃苦坚持。要拿出中考、高考时的态度，该挑灯夜战的，就要挑灯夜战，不要轻言放弃或临阵退缩。

媳妇观点二：**读书依旧是我们学习提升的最好方式。**在工作中，我们要多读书，广读书，读好书。我们可以读一些哲学书籍来提升思考问题的思维层次，读一些历史书籍来提升明辨事理、发现规律的能力，读一些专业书籍来提升对当前工作的理解力、分析力和创造力。因此，任何时候都不要忽略读书的作用。

媳妇观点三：**主动深入现场学习实践。**女孩子有时习惯待在办公室想事情，不愿意深入现场去了解情况，毕竟办公室简单、干净，而现场往往都是复杂的、多变的，环境也不好，还要面对一些纠纷、意外等麻烦。但如果不去现场，我们就很难看到真实情况，久而久之，就只会纸上谈兵。所以，我们女性要克服娇嫩心理和现场厌恶感，主动到一线了解情况，收集情况，这样才会更快提升能力素质。

媳妇观点四：**三人行，必有我师焉。**工作中，我们要主动向身边的领导和同事学习，从他们身上发现闪光点，学为我用。除此之外，更重要的是要采取走出去的方法，多向同领域、同行业的先进企业及个人学习交流，并结合工作实际去创新转化。

媳妇观点五：**要紧跟时代发展学习。**我们要对社会发展中的新理念、新事物、新技术、新业态感兴趣，敢于解放思想、与时俱进，积极学习、引进和运用先进理论、先进方法及先进工具等，这样才能始终确保不会被时代扫地出门、淘汰出局。

我的启示

纵观媳妇的成长历程，我想正是因为她这么用心学习，热爱学习，才能够在工作中脱颖而出，凭借自己的努力，从一名普通员工进步成为集团公司高管，成为大家心中的女强人，还成为一名兼职女作家。

我的高管媳妇成长秘诀三

锻造8种胸襟

媳妇从普通员工成长为上市公司高管的成就来之不易，在筚路蓝缕、披荆斩棘的追梦路上，艰辛付出、酸甜苦辣唯有她自己最清楚。媳妇说，现代女性在职场中内心不能骄傲自满，对外不能飞扬跋扈，要努力做到思想上自觉、行为上自律、道德上自省，要以更美的姿态、更高的格局稳步前行。

本章重点分享媳妇在实践中锻造的8种胸襟。大胸怀、知心大姐、"甘站三尺讲台"的情怀、敢于为部属背书、淡视功利、懂得换位共情、主动自我迭代、积极面对退出8种胸襟是她取得成功的核心内功，希望大家阅读后能从中获得启发和帮助。

塑造大胸怀

媳妇作为集团公司人力资源总监，同时又是集团公司的副总，面对公司员工的关切，她一直都是认真细致，耐心回应，把员工的利益放在个人利益前面。正因为媳妇的这种态度，她被评为"华南地区十大人才官"。

集团公司有几十个子公司和基地，6000多名员工，分布在全国好几个省市，有的还在国外，虽然媳妇带领人力资源部已经很用心去处理和解决员工们提出的需求或存在的困难，但总会出现一些不如人意的地方。因此经常会受到一些不明原因的指责，听到一些牢骚，甚至骂声。面对这些状况，媳妇从来都是一笑而过，没有责备和抱怨，更不会去打击报复当事人，反而自己主动对号入座，自查自纠，然后靠前去向员工们做解释，直到满意为止。在她心中，员工的利益就是公司的利益，个人受点委屈不算什么，关键是让员工们感受到公司的关怀，感受到企业的温暖，让员工们在企业能拥有获得感、幸福感，以强大的凝聚力推动公司持续强劲发展，最后让员工们产生骄傲感和自豪感。

因此，在大家心目中，娜总不仅是一位高层领导，更是大家的贴心好友。自己只管把工作干好即可，剩下的放心交给娜总，她会为大家利益考虑好的。媳妇说，这是对她的最好褒奖。

媳妇经常讲："海纳百川，有容乃大。女性要想成功，最需要提升的就是胸怀。我们不仅能冲锋陷阵、埋头苦干，更要注重培育大局胸怀和长远意识，努力让自身站得更高、看得更远、发展得更好。"

媳妇观点一：**思路上要体现大胸怀**。我们女性要一心一意把心思和精力聚焦到干事业的正道上去，把实现人生价值作为一生的不懈追求。在谋划工作发展时，不要瞻前顾后、小里小气，要有前瞻思想，敢于去研究分析十年后、二十年后甚至更远的形势发展，学习和借鉴同行业同领域的先进经验，确保思想和理念的先进性。

媳妇观点二：**格局上要体现大胸怀**。工作上不要患得患失，更不要在乎一时胜败，要舍得放弃华而不实的外在利益，历练内在的能力价值，树立长远的发展观。分析研究问题时，要强化集体意识，注重从单位和团队的角度去思考。协调工作解决矛盾时，我们要有全局意识，不能过分强调局部利益或个人利益，要坚决服务服从全局，强化"强大我才会有小我"的思想。

媳妇观点三：**心境上要体现大胸怀**。在成长的道路上，我们女性要注重自身的成长成熟，坚持道德约束，坚守法律底线。要有自我完善、自我警醒的意识，正确认识自身存在的问题和不足，虚心接受领导和同事们的意见建议，养成思想上经常"洗洗澡"、行动上经常"照镜子"，小节上经常"正衣冠"的自律自省良好品行和习惯。

我的启示

　　胸怀不是男性的专属物。胸怀也是女性职场成功的必需品。如果女性朋友在事业发展的道路上不去塑造大胸怀，就不敢去想大事，也不会去干大事，会整天游离于鸡毛蒜皮中，穿插在斤斤计较上，那结果自然就是干不成大事。

当好知心大姐

在一次访谈中，媳妇部门的小芳是这样评价媳妇的："我觉得我当前的领导是我职业生涯中遇到的最好的领导。"

为什么这样评价呢？小芳说道：

"首先，在工作业务上，她能给我很好的指导。在我感觉到迷茫的时候，会第一时间对我做出指导；在我出现错误时，她会引导我带着思路去分析并且引导我使用正确方法去解决。经常跟我分享她作为过来人的一些经验，让我在工作上快速成长，当前，我已经能够独当一面了。她完全没有'留一手'的想法，真的把自己会的东西200%地传授给我们，还时刻提醒我们做事情要注重方法，多总结才会少走弯路。

"其次，她很注重观察我们的工作状态。有一次，我因为一些很琐碎的事跟家里人吵架导致工作不在状态，她马上就能观察出来，还找我谈了心，就像一个大姐姐一样跟我分析，我把压在心里很久的心事跟她说了，我发现她的分析总能让我快速从中抽离并且解开心结，工作状态也立马能找回来。毫不夸张地说，连人生大事都给我们操心着：张罗着给我们留意对象；面对公司组织的联谊活动，她是"连哄带骂"地催促我们去参加，经常搞得我们是哭笑不得。

"还有，她从来都不摆架子。记得我初次组织高层的经营管理会议时，面对的都是高层领导，心里难免很紧张。在我紧张的时候，她总会看出我的心思，为了能让我更快地融入会议并且更好地做好会议纪要，一些关键的字词以及会议结论，她都会重复一遍。现在，她在会议上的一个眼神我都能很快明白她的用意。她从来都不因为自己是领导而摆着一副领导的架子，在工作时可以很认真，在私底下她就像一位大姐姐，无话不谈。

"总之，跟她相处的时候，她总能让人时刻感觉到在工作上她是一位好领导，在生活上是一位知心大姐姐，无时无刻不在给你提供动力，工作上或者生活上都充满能量，让我觉得这不仅仅是一份工作，还是一份让我可以倾注更多热情的事业。"

当同事们把小芳的上述评价反馈给媳妇时，媳妇内心很是欣慰。

媳妇说："一个知心好领导，不仅仅是给部属工作上的支持，更要倾注内心的温暖。做个知心好领导，可以获得下属对自己更高的认可度，获得更多忠诚度更高的好员工，这样，团队的业绩自然也不会差。"

媳妇观点一：带团队，工作环境上给"安全感"。有些领导工作中飞扬跋扈，专横强势，大家表面对他很恭敬，但背后却是怨声载道，骂声一片，试想在这样一个工作环境下，大家怎么可能会心力合一呢。因此，我们女性领导，带领团队要注重个人品德修养，尊重部属，多走到他们身边问问、多请到身边谈谈，让大家感受到女性领导特有的亲和力。管理团队，要做到宽严相济，善于依靠科学的制度来规范，制度面前坚持刚度，感情方面讲究温度，千万不要以为自己是领导就可以仗势欺人，为所欲为，这样的工作环境只能是事倍功半，到时出现"人走茶凉"的现象就不奇怪了。

媳妇观点二：带团队，同事感情上给"家庭感"。相对男性而言，我们女性更看重家庭一些。因此，我们现代女性在带领团队开展工作的时候，要更注重打造团队的大家庭氛围，而这也是我们一些女性领导能够带出好团队的原因。团队成员不论多少，每个人身后都有一个家庭，也都承担着一份家庭责任。看似大家是同事，只要管好他们工作就行，但如果他们生活上的事情我们一点儿都不清楚、不关心，那肯定会影响团队的工作效率。如：对待年轻人，还没对象的，我们可以帮忙介绍对象，做做红娘工作；结婚不久的，我们可以以过来人身份，多传授一下家庭生活方面的经验，经常交流一些带小孩、买房贷款、处理婆媳关系等方面的问题。对待中年同事，可以与他们聊聊小孩上学、健康家庭饮食、锻炼身体等方面的问题；对待年龄偏大的同事，没事可以问问他们孩子上班、结婚等方面情况，提醒他们保重身体。在请假休假问题上，要理解大家，科学调配好AB角，在制度允许的范围内，让大家遇到事情能够安心请假休假。生活本来就是琐事多，我们要在关心部属的琐事生活中，加深大家的感情，让大家在工作中感受到"家"的温暖，不断增强团队的凝聚力。

媳妇观点三：带团队，成长进步上给"成就感"。作为一个团队的女性领头人，我们在带领大家完成任务的同时，要像关心自己孩子学习成绩一样时刻把团队成员的成长进步挂在心头，让他们跟着我们有奔头、有劲头。要引领他们进行思想提升，引导他们多站在更高一层的角度去思考问题，多站在行业、企业发展的角度去观察、去分析，从而不断提升思想层次。要帮助他们进行能力提升，除了正常的业务培训外，可以采取推荐书籍、协调参观见学、组织团建等形式，让他们提升视野，增长内力。要科学派任务、压担子，引导他们在单打独斗的实践中提升能力，在开拓业务中提升能力，最后在完成任务的凯旋中实现岗位提升。

我的启示

　　人心齐，泰山移。带队伍，核心就是要暖人心、聚人气。我们的成功离不开团队的共同努力，离不开大家的齐心协力。女性朋友在当好领导的同时，也要当好一位知心大姐的角色，善于用真心去经营团队、用真情去关心团队，营造一个温暖团结，富有活力和激情的大家庭。

"甘站三尺讲台"的情怀

在同事们的心中，媳妇是一位好领导，更是一位非常重视培育团队成员成长成才的好老师。她虽不像学校老师那样在讲台上说书传教，但在做人做事上时刻给予他们无私的经验传授和前进引领。在她的带领下，几乎所有的员工都得到了很好的发展。

工作中，她总能拿捏得很好。在大方向不会有太大偏离的前提下，会放手让下属去主导和尝试，让他们时刻感受到激情。当她判断你的业务能力有所提升的时候，会主动给你提供其他机会，让你的业务能力有持续提升的机会。还有就是媳妇的知识很全面，阅读量很大，处理事情的方法很多，时刻都能给同事们提供思路。让大家对她佩服不已。

小芬在刚进公司时，来到企管部，那时媳妇还在企业做计划运营主管，她跟着媳妇一起工作。在一次管理会议上，公司总经理给大家安排工作，给小芬安排的工作是盘点公司所有的IT设备，并入档。刚参加工作的小芬当时一脸蒙，当场站起来提问：那应该怎么做？看到这个情况，媳妇马上站起来回应：会后告诉你。但会后，媳妇却没有直接告诉小芬如何做盘点和入档，而是告诉她开会时遇到不懂的不要第一时间在会上提，要在会后去找资料、找资源、想方案。这件事给小芬留下了深刻的印象，直到现在都受用。在媳妇的帮带下，小芬现在也成为公司的重要骨干。

媳妇说，师者，传道授业解惑也。虽然我们不是老师，但在带领团队的过程中，我们要怀有"甘站三尺讲台"的情怀，注重发挥我们女性利他助人、善解人意的特点，多关注团队成员思想、业务、担当等方面的能力培养，让大家在团队工作中学有所获、业有所成。除了要指导团队成员提升业务能力，更要重视引导和帮助他们提升以下几项关键能力。

媳妇观点一：**帮助提升确立目标的能力。**目标是人生航行的灯塔。没有目标或者目标不正确，必将严重影响和制约个人的前进动力和奋斗激情。作为团队的领导者，我们要注重引导和帮助部属去科学确立目标，激发奋斗热情。因此，我们要在大目标与小目标的统一上下功夫，引导大家将团队的整体目标与成员的个体目标融合起来，树立"大目标引领小目标、小目标服务大目标"的观念，让团队成员在实现大目标的进程中感受小目标实现的收获。

媳妇观点二：**帮助提升谋划工作的能力。**这是培养部属能力的关键，更是助推他们长远发展、走向领导岗位的基础。我们在给部属安排任务的时候，不要事无巨细、面面俱到，要善于适时放手放权，科学"偷懒"休闲，有意给他们创造自由思考谋划的空间。同时，对他们提出的意见建议或者工作方案，我们做好帮带指导，肯定优点，指出不足，帮助他们在一次次的锻炼中提升谋划能力。

媳妇观点三：**帮助提升应急处置的能力。**发生突发事件是我们工作中不可避免的问题，有时候，一件突发事件直接或间接影响到全局，从而导致前功尽弃。因此，应急处置能力是每个人在成长路上不可或缺的一种能力。我们在带领团队干事创业的过程中，要强化团队成员应急思想，定期组织大家分析团队工作中可能出现的突发事件，分析研判突发事件的危害，有针对性地研究应急处置预案，并带领大家组织实操演练，这样不仅能够帮助大家克服侥幸心理，提升大家的应急处置能力，还能提升大家临危不惧的自信心。

媳妇观点四：**帮助提升落实落地的能力。**天才的主意，关键还是要落地，否则它也只能是空中楼阁。帮助部属提升落实落地的能力，最为重要的就是指导他们做好"结合"，即理论方法和目标任务都要与团队实际相结合。分析研究问题时，要提醒他们不要照本宣科、纸上谈兵，要结合团队自身的实际进行分析判断，做到对症下药。接到一个大项任务后，不能上下一般粗，要指导他们结合团队实际，梳理出团队的总体任务、部门及个人的具体任务，做到任务、措施、责任细化到部门及个人，督导、检查、反馈、总结细化到部门及个人，只有这样，才能形成一个完整的任务链条，形成落实落地的闭环。

> **我的启示**
>
> 领导既要领着大家干，更要引领团队成长，为团队的长远发展定向导航。因此，一名优秀的领导，除了个人能力出色外，心中一定要怀有大爱，时刻惦记着大家的成长进步与未来发展，悉心培育和打造团队成员，助力他们在辛勤的工作中提升个人思想和能力。

敢于为部属背书

　　每年的绩效考核方案的实施是最挑战 HR 的时候，因为每个部门都会为自己的奖金方案"拼个头破血流"。媳妇会从年度绩效考核方案的定稿抓起，带领 HR 评审各部门提交的奖金方案，从公司的整体效益角度评估所提交方案的合理性。HR 根据定稿的大方案去审核各部门具体的实施情况。但在评审过程中，走"老板路线"的人实在是太多了，给 HR 带来不少阻力。出现这种情况，媳妇一般都会为 HR 部长指导思路，部长按媳妇提供的"点子"去处理，大部分阻力都能得到完美的解决。但总会有一些"不死心、不按常理出牌"的方案，始终得不到很好的解决，此时，媳妇就会站出来"主持公道"，为 HR 部长站台撑腰，让他更有底气和自信去处理应对，让年度绩效考核能按原定计划完成。

　　在整个过程中，媳妇只把握大方向，放手让下属去实施；遇到一般的矛盾时，媳妇会充当军师指导下属去解决；遇到硬骨头时，她则会充当将军冲在前面打头阵。在带领部门方面，既松又紧的策略让下属既感觉到有安全感，又感觉到有压力感，最后得到成就感。

　　媳妇常说，为部属背书，这句话说得轻巧，做起来困难。但这也是考验一个领导是否有担当精神，是否值得部属尊敬的重要品德。虽然我们是女性，身上天生带有柔弱的一面，但在部属需要我们背书的时候，我们坚决不能退缩，要勇于主动担当，让部属信服。

　　媳妇观点一：背书可以转化为对部属的信任激励。 在团队成员干工作的时候，我们除了要传授工作经验、指导工作方法外，更重要的是对他们有信心。怎么体现对他们的信心与信任呢？我想，为他们的工作背书也算一种最为直接、最为重要的表达方式之一。试想，在我们完成上级赋予任务的过程中，肯定会出现问题和失误，信心也会因此受到冲击，在困难与失意的迷途中，在身体压力与心理压力并存下，如果领导愿意站出来给我们背书，那必是对我们信心的一种极大鼓舞，就像冬夜里的一团熊熊烈火，必将指引我们勇往直前、持续奋斗的方向，激发我们完成目标任务的强大信心与动力。

媳妇观点二：背书能够体现我们的表率作用。 都说领导工作最重要的就是决策、部署与指导。当我们把决策部署分配到具体承办的团队成员后，他们会按照我们提出的思路及要求去筹划和实施。在完成任务的整个过程中，领导绝不可以袖手旁观、光说不练，为他们背书就是很好的参与方式。领导背书就犹如战场上挥舞战旗，每一次背书都会加强团队的一分坚定，每一次背书都会加深团队的一分坚持，比我们具体地指导、频频地动员更能体现领导的价值，更能体现领导的表率引领作用。

媳妇观点三：背书也是领导能力的一种展现。 没有金刚钻，绝不敢揽瓷器活。背书从表面上来看，好像就是一种态度或一句口号，但它的背后却是领导能力的集中体现。如：任务思路要确保正确，这是谋划决策的能力体现，否则怎敢轻言背书；承担任务的成员分工要明确，也就是对背书的对象要了解，这是选人用人的能力体现；出现问题和失误时，领导还能坚持背书，这是应急能力的体现。因此，越是敢于给部属背书的领导，除了怀有可敬可佩的担当精神外，全面过硬的综合能力肯定少不了，也必定是一位能够引领团队团结奋斗、向上发展的成功领导。

我的启示

为部属背书,看似简单,但背出的是大格局、大学问,背出了成功女性的大事业,背出了一个坚强如钢、团结向上的大团队。

淡视功利

媳妇说："大家都讲无利不起早，树立什么样的功利观直接决定着我们对待事业的思想与态度。"作为女性领导，我们要注重克服与生俱来的"小气"，树立高远、高尚的功利观，这方面是我们女性的弱项，需要在工作中着重提升，在现实的功利考验面前，不断提升思想觉悟和精神境界。

媳妇在公司，只要大家公认是正确的事情，她都会努力去做好，而且从不讲理由，不谈条件。她在公司处理事务时，都是把公司的利益放在最前面，不论是谁，包括自己，在公司利益面前，都要做出让步。

在我印象中，媳妇从来没有谈过自己的职业规划，都是公司让干什么就去把什么干好。她经常和同事们开玩笑说自己就是个"救火队员"，干的很多岗位都是"急难险重"的救火工作，但每次公司安排她去接棒的时候，她都是毫无怨言地去干了，之后更是兢兢业业，快速扭转局面，产生效益。

媳妇是公司的第一位女性车间主任、女性厂长、女性安全总监；担任人力资源总监以来，她坚持以人为本，人尽其才，把业务与人员进行了有效配位，不仅为公司节约了人力成本，还有效提升了员工的工作热情；分管品质工作带领团队获得了市长质量奖，个人质量案例被省级部门评为典型案例，等等。可以说，她取得了不少成绩，做出了不少贡献，但她从来没有拿这些贡献为自己邀过功、要过赏，她只在乎自己在岗位上能不能为公司创造价值，能不能增长能力，能不能为部属带来成长。她对功名利禄看得很轻很淡，她追求的是个人内在的能力提升和价值体现，这是对自己最好的肯定，也是最有意义的肯定。

媳妇观点一：注重融入大局，树立大功利观。 大功利观就是要站在更高的层次去讲功利价值。我们女性也要学习和培养从国家利益的高度去考虑当前利益得失的习惯和能力，树立"有国才有家""国强则民富"等思想，坚定爱国信念，这样才能保证我们的价值取向大方向正确，才能确保我们的事业发展不走错路、不入歧途，或者少走弯路。我们还要培养从整个企业的利益角度去考虑利益得失的习惯，树立大局意识和全局思想，在功利面前服务和服从大局，这样才能确保我们带领的小团队拥有可持续发展的舞台，获得持续实现更大利益的机会。

媳妇观点二：注重可持续发展，树立长远功利观。 在功利面前，作为一名女性领导，我们要坚决克服目光短浅、胸无大志的问题，处理好当前利益与长远利益的关系，不可因小失大。在利益面前，要坚持以长远利益为原则，凡是对长远发展有影响，不符合长远目标要求的事情，坚决不做，哪怕短时间会有利益损失，都要咬牙坚持，果断取舍。因为，没有长远的利益保证，当前的利益只能是昙花一现，不可长久。

媳妇观点三：注重人格魅力，树立"小我"功利观。 在平时工作和生活中，普通的女性在功利面前表现得小气点、自私点，干些"会哭的孩子有奶喝"的事情，大家是可以理解的。但作为一名女性领导，我们要摒弃这种想法和做法，因为在领导的位置上，我们代表的不仅仅是个人，而是一个团队。因此，我们要树立"小我"功利观，也就是在利益面前，要主动把自己的利益放在后面，这也是一种先大后小、先人后己的奉献价值观。只有这样，我们才能有底气去说服别人，我们的人格才会更有魅力和感染力，才能更好地影响和感染团队成员，感召他们树立正确的功利观，实现团队成员物质和精神的双向提升。

> **我的启示**
>
> 非淡泊无以明志，非宁静无以致远。在女性发展的道路上，要正确看待功利，做到公在前，事在前，情在前，发展则会更加长远，价值体现也会更加长久。

懂得换位共情

媳妇在公司虽然早早当上了领导,又是老板和老板娘非常信任的"大红人",但从媳妇身上看不出来任何傲气,一直以来都是那么平易近人。她做事情一向喜欢换位思考,懂得尊重与共情。

记得前几天,她组织一次线上例会,本来是晚上8点半开始的,她错搞成了晚上8点,因为她把这个会议与另外一天晚上8点的例会搞混了。但那天晚上也是奇怪,晚上8点的时候,大家几乎都在线了,就差一位中层领导,老板也已经到位,于是媳妇就在晚上8点开启了会议议程。开会的过程中,她打电话催促那位同事赶快到位,因为这次会议特意安排了那位同事发言,没想到他却没有按点上线,于是就质问他为什么迟到,毕竟老板都已经在线了,所以当时态度有点着急。那位同事也理解媳妇,没有去争论会议本来通知是晚上8点半开始的。会议开了半个小时后,媳妇突然想起来了,原来是自己弄错了会议时间。在会议结束的时候,媳妇专门在线上公开说明了今天的情况,并当着老板和其他同事的面向那位同事道歉,因为是线上,媳妇怕大家听不太清,她还特意道歉了两次,她的这个举动感动到了会上的很多同事。

媳妇认为做事要先做人,要从内心尊重别人的言行,理解别人的感受,学会与他人换位共情。有一次,媳妇安排同事下周一上午8点研究一个重要方案,但她在周日下午运动时不小心扭到了腰,腰痛得不行,我看在眼里疼在心里,就准备周一早上带她去医院拍个片子检查一下,但她却坚持要去上班,因为那个方案大家都花了不少心血,明天早上自己一定要到场,不能因为自己的身体不适就打击大家的积极性。没办法,因为腰疼不能开车,第二天她打车去了公司,正常参加了那个方案的讨论。当同事们看到媳妇两手撑着腰慢步来到会议室时,在了解到原因后,纷纷投来了敬佩的眼神。

媳妇说,现在社会上对女人有种惯性认识,就是认为女人喜欢显摆和炫耀自己,看低甚至瞧不起比自己弱的人。由此可见,女性比男性更容易抬高自己,自我膨胀。这就要求我们女性在职场中要时刻警醒自己懂得尊重,在为人处世中,学会从内心与他人换位共情,努力做值得大家尊重的人。

媳妇观点一:换位共情可以有效减少沟通成本。 我们在与他人交往过程中,要善于换位共情,彼此尊重,因为在和谐友好的相处氛围中很容易拉近大家的心理距离,不自觉中消除因陌生或不了解而产生的沟通障碍,有时还会孕育出相见恨晚的感觉。因此,我们不论是社交也好、谈工作也罢,都不要忘记要以尊重对方为前提,言语上客气些,多一点儿尊称,多一些赞扬;行动上主动些,帮助添点茶水、让个位子等,这些细节都是尊重的表现;产生分歧争执时,多想想对方的感受,该留的面子要给对方留足,切不可借题发挥、有失大体。相信,只要我们真诚地尊重他人,把自身的优越感放下,就一定会得到我们想要的沟通效果,也能更快地干成我们想干的事。

媳妇观点二:换位共情其实也是尊重自己。 我们在交往中,对别人尊重,习惯与他人换位共情,这不仅不会降低自己的地位、品位,反而会提升我们做人的格局。比如:尊老爱幼,表现出来的品质就是知书达理的内在修养,反之就是教养不够;尊重同事或朋友,表现出来的品质就是谦虚好学的内在修养,反之就是夜郎自大;尊重弱者,表现出来的品质就是平易近人、低调和善的内在修养,反之就是高傲低趣。所以说，我们在理解他人，尊重他人，与他人共情的同时，展现的是我们高尚的内涵修养和思想境界，必将会赢得对方的真诚的尊重。

媳妇观点三：换位共情不要区别对待。换位共情不是假装出来的，是发自内心的真诚。有些人为人处世喜欢当面一套，背后一套，表面上对别人热情周到，转身就是嘲笑讽刺，其实这种态度不是真正的尊重，根本没有换位思考和共情，而是虚假、虚伪的表现，是趋炎附势、阿谀奉承的不良品相。尊重他人的高尚品格是不分对象的，每个人都有值得我们尊重的地方。比如，竞争对手之间，即使利益争夺比较激烈，甚至手段有些过分，又或者有些人已经失败破产，但不影响我们对他们勇气或毅力的尊重。我们要主动去发现每个人身上值得尊重的闪光点，发自内心地去尊重他们，这样的尊重才是真心的、真诚的，才算得上是真正的尊重。这种尊重行为才会有益于提升我们的道德水平，才会让我们真正获取别人内心的尊重，否则只会拉低我们的精神追求，久而久之，必然影响我们的人品和形象。

> **我的启示**
>
> 懂得换位共情的尊重，是我们成长、成熟的必经环节，也是成事、成功的必由之路。尊重他人就是尊重自己。

"小我"的奉献品格

媳妇经常说，奉献是成功路上不可缺少的精神。昭君出塞的故事千古流传。我们女性在工作中，也要学习王昭君的奉献精神，讲大局、识大体，在干事创业的道路上，时刻树牢"小我"的奉献品格。

媳妇之所以能够成长起来，除了对公司的信赖之外，也离不开她这么多年来无私奉献的品格。

记得媳妇出任公司第一任女厂长的时候，每逢过节，其他领导都在家里休假放松的时候，媳妇却不忘工厂和工人，经常去工厂检查工作，给车间在岗的工人送去节日的问候。其实公司当时对她没有要求，只要安排好值班人员即可，但媳妇却主动去巡厂，看望工人，这不仅是一种敬业，更是一种发自内心的无私，这就是最好的奉献之一。有几次不放心她一个人去，我就主动陪她去巡厂，以实际行动为媳妇的奉献品格支持鼓劲。

媳妇生我们家老大的时候，别人都是休4个月假，她却因为公司的重要工作，休了2个月就上班了；生我们家小二的时候，别人休6个多月假，她却只休了3个月。问她为什么不把假休完，她回答说："个人的权力不一定要用得那么彻底，公司的工作也需要大家的共同付出，能早点上班也是为公司多出一份力。"这话说得让我一个大男人无言以对。

媳妇锻炼的岗位很多，不到30岁就已经成为公司的中层领导，35岁就进入了集团公司核心层，38岁成为高管。但在我印象中，媳妇在每年的评优评奖中好像从来没有评为A，最好的也就是B+，按理说应该不可能。后来问媳妇才知道原因，原来每次都是她主动让出去了，年轻的时候让给同事，后来当上中层领导就都让给下属了，进入核心层以及成为高管后就更不会要了。在她的影响下，今年自己分管的团队中层领导没有一个人评为 A，全部主动地让给下属了。为此，媳妇特意组织这些中层领导搞了一次团建，对他们的这种大局观和奉献精神表示赞扬，同时也进一步加深大家的互相了解。大家都知道，仗好打，功难评。媳妇这种在名利面前的退让，就是对团队最好的奉献。

媳妇观点一：听从指挥、服从安排是讲奉献的基础。 奉献首先是要服从集体的安排，服从上级的领导，这也是大局意识。对待职务调整、岗位变动、工作任务分配等，我们要理解单位及领导的用心，提高自己的思想站位，从全局和大局的角度去思考正视，并全力去实现组织意图，做到坚决服从，认真对待，欣然接受。

媳妇观点二：兢兢业业、尽职尽责是讲奉献的核心。 什么是奉献，把本职工作认真干好就是最大的奉献。试想，如果连自己的本职工作都不想干，或者干不好，那还拿什么来谈奉献。因此，我们要认真干好本职工作，用实际行动来展现我们的奉献价值。如：从事文秘岗位的，我们就要把文秘工作做细致，把笔杆子练强；从事销售岗位的，我们就要主动去研究客户需求，把市场跑到位；如果是保障岗位的，我们就要积极为从事核心业务的同事做好服务保障，尽心尽力让他们安心冲在一线，全力攻城拔寨。这样，在一点一滴的扎实工作中，强大的奉献价值也显现出来了。

媳妇观点三：先集体、后个人是讲奉献的本质。 奉献的本质就是把集体的利益举过头顶，把集体的利益摆在个人之前。我们女性要把单位的利益放在个人的利益的前面，主动为单位的荣誉放弃个人的得失。开展工作时，我们要先想到集体，竭尽全力为单位增光添彩；出现问题时，首先要考虑到会不会给单位带来影响，勇敢站出来承担责任，为集体消灭或减少影响。只有从内心真正做到先公后私，先单位后个人，才能算得上是拥有了真正的奉献精神。

媳妇观点四：名利面前不争不抢是讲奉献的底气。俗话说，无欲则刚，唯有淡泊名利，方能宁静致远。虽然说我们女性心细如发，但面对工作中的名利，我们要有大智慧、大胸怀，要求自己做到不争名、不争利，要相信组织、相信领导，把评功评奖、利益分配方面的事情交给组织，交给领导。只有这样，我们才能心平气和、心无旁骛地去干事业。如果成天惦记那点奖励、奖金等小名小利，那必然会影响我们的工作精力，影响我们的思想认识，到头来，不但工作干不好，还会影响领导对我们的认同以及与同事们的关系，得不偿失。

> **我 的 启 示**
>
> 舍得舍得，有舍才有得。奉献品格不分男女，只要我们真心实意去奉献自我，成功的目标就会离我们越来越近。

积极面对退出

在退出这个问题上，媳妇的心态是非常积极的，她说虽然现在自己很热爱这份工作，但也保持着随时被退出的心态。一方面，长江后浪推前浪，青出于蓝而胜于蓝，这是企业向前发展的必然，只是时间问题而已；另一方面，自己要有正确的自我判断能力，一旦自己的能力不能满足公司发展的需要，自身不能为公司创造价值的时候，她会选择主动离开让贤，用自己的退出来成就公司的更好发展。

媳妇非常热爱学习，她的兴趣也是很广泛的。媳妇说，这些看上去好像与退出毫无关系，但却紧密相连。在学习的过程中你会提升能力，这样会延缓你的退出速度，也可以让你到了退出现在岗位的时候，依旧可以到另外的领域去发光发热，让你的退出带着希望，让你的退出不至于那么生硬，实现软着陆。广泛的兴趣还会让我们退出之后仍能够保持充实与活力，可以丰富退出后的精神生活，实现退有所乐。

媳妇说，谁都不想退出，但退出又是我们每个人的必经之路，特别是对于已经处于成功阶段的朋友，面对退出时都感到很失落，有的甚至表现得很不理智。但太阳总有落山的时刻，成功之后也肯定会迎来退出的那一天。因此，当退出的那一天来临之时，我们女性要像男子汉一样，拿得起，放得下，用阳光的心态去面对退出和离开。在退出前后的这段时期，我们除了要站好最后一班岗外，还要做好几件重要的事情。

媳妇观点一：调整好心态，让自己在平和中退出。面对退出，

我的高管媳妇成长秘诀三：锻造8种胸襟

作为经历过大风大浪的女性朋友，我们不能有过度失落的表现，更不能闹出胡搅蛮缠的不理智行为。为此，我们要从本质上认识退出。如果是因为年龄到限了被退出，那我们要认清新老更替是发展的必然规律，谁都有那一天，这是自然法则。如果是因能力不能胜任而被退出，那我们要认清优胜劣汰是发展的必然规律，让出位置给更优秀的人也是一种贡献，这样团队以后会创造出更大的价值。如果是因为轮岗而退出，那我们要认清这是激发团队活力的必要手段，是合情合理的做法，对我们自身也有益处。总之，我们要认清退出的本质原因是什么，意义又是什么，这样才能做到心态平淡、心气平和。

媳妇观点二：总结好过去，让自己在满足中退出。 每一段工作经历都是我们人生道路中的宝贵财富，如果不去好好总结，那随着时间的飞逝，很多珍贵的故事就会在记忆中消失忘记，非常可惜。因此，我们在离开岗位的前后阶段，要好好回顾这些年的工作经历，结交了哪些好朋友、好同事，发生了哪些感人的故事，干了哪些有价值、值得骄傲的事情，克服了哪些艰难险阻，等等，一一列举出来，把它们用文字和图片的方式总结好。总结的过程也是一个寻找记忆的过程，过去的汗水、泪水将会源源不断涌现出来，相信我们会得到意想不到的收获与满足，这个收获将会是一次精神上的洗礼、一次思想上升华、一次行动上的鼓舞。这个总结必会成为我们人生最宝贵的财富之一。

媳妇观点三：规划好未来，让自己在希望中退出。 退出并不可怕，可怕的是退出后失去了方向与目标，因为那才是真正的、永远的退出。因此，在退出的前后日子里，我们要及时规划好退出后的工作和生活，这样才能让我们以一种积极的心态去对冲退出带来的心理冲击。如果想继续干老本行，那我们可以在总结的过程中，分析自己的优劣，继续寻找机会。如果想挑战新路径，我们可以通过学习请教等方式，去尝试和实践。如果想休息一段时间再出发，那就考虑选个好的休息方式，比如安静地看完十本有意义的书、组织几个朋友去长途旅行、学习做几道拿手好菜弥补一下家庭，等等，无论如何，只要是有意义的规划，都是激励我们放下当前再前行的精神力量，将会让我们的退出更加潇洒、更加释怀。

> **我的启示**
>
> 　　既然退出无法回避，那就让我们通过自我调节，让自己在满足和希望中精彩谢幕。

媳妇成功秘诀四：

培养8项生活力

现代职场女性的成功，不仅来自工作上的得心应手和事业上的蒸蒸日上，幸福美满的家庭生活、多姿多彩的个人生活也是现代职场女性成功的重要组成部分，犹如战车需要双轮同转才能驰骋沙场、凤凰需要两翼生风才能翱翔天空。

媳妇认为，平衡工作与生活虽然很难，是一个动态的过程，但我们却要用心去对待。从目前来看，自己算得上是事业生活双丰收，内心还是很知足和幸福的。我们女性不能眼里只有任务，心里只有事业，而生活却过得静如死水、乱如丝麻。那样也许事业上进步了，得到了你一心想要的鲜花和掌声，但这种成功是亚健康的成功，是失衡的成功，这种幸福感和成就感必不会长久，等你到了一定年龄或事业遇到下坡时，内心的后悔与痛苦不言而喻。现代职场女性要注重培养自己的生活力，勇敢地去追求和经营高质量的幸福生活。

本篇章，对媳妇在实践过程中培养的8个生活力进行了分享，包括如何处理个人空间、朋友关系、生活态度、夫妻关系、亲子关系等方面。对现代职场女性提升生活力，处理工作与生活的关系以及事业发展都有很大的帮助与借鉴。

打造丰富多彩的个人空间

媳妇是一位在公司很受员工欢迎的领导。她工作能力强、效率高那是自然的，除此之外，媳妇的强大的生活能力也让大家佩服不已。

媳妇热爱阅读的习惯深深影响着大家。她经常和大家强调："只有知识才能改变命运，阅读学习很重要。别总说我们属于跟制造相关的岗位，相关专业技能和管理方法只有在实践过程中才能学到，那是不正确的，其实很多都是可以从书本中学到的，还有很多道理和知识也是可以举一反三、触类旁通的。"她有属于自己的阅读清单或阅读计划，每个月至少阅读完成2本与岗位相关的书和1本感兴趣的书。为了让自己对看完的书有更深刻的理解，她还要求自己在阅读后写读后感，或跟身边一起看书的同事交流与分享。

媳妇还是一个热爱运动的女人。她说，运动能使自己得到放松，每一次长跑后她都能体会到挥汗如雨、咬牙坚持的成就感与快乐感。目前她已经成功拿到1枚全程马拉松完赛奖牌和2枚半程马拉松完赛奖牌。

除此之外，媳妇还有很多诸如写作、画画等兴趣爱好，个人生活很丰富。

"要想工作干得好，精彩生活少不了。"这也是媳妇用来激励自己永葆生活激情的一句口号。丰富多彩的生活有各式各样的方式，每个人的个人空间也有不同样式。经过这么多年的经历，让媳妇感受到高质量的幸福生活前提是要有一个丰富多彩的个人空间。个人空间丰富了、精彩了，获取幸福生活的基础就更加扎实了，底气就更足了。

本文，媳妇选取了3个她认为比较重要的生活兴趣同大家分享。

媳妇观点一：多阅读，丰富我们的精神世界。 精神追求永无止境。阅读是丰富精神文化、提升思想层次的捷径，也是提升内涵和修养的阶梯。要想生活丰富多彩，除了基本的物质需要外，精神世界的丰富才是高质量的丰富。如果我们想获得高质量的、可持续的幸福，那就一定要养成阅读的好习惯。比如，当我们在阅读一本历史书的时候，就会被书中的故事情节引入到千百年前的历史情境中，在精神世界中零距离感触故事中的真情实景，让人沉浸其中；当我们读一本文学名著时，就会从作品美妙的语句中感受世界的博大奇妙和生活的酸甜苦辣，让我们感慨万分。每阅读一本书，都是一次精神世界的洗礼，都是一次思想的升华，也会让我们觉得更加幸福。

媳妇观点二：多运动，强健我们的生活意志。 运动强身健体的作用，人人皆知，但我觉得除此之外，运动对我们女性来说，更重要的作用是强健我们的生活意志。对于不经常运动的人来说，运动是痛苦的；对于运动的人来说，运动是痛并快乐着。但不管怎样，运动肯定会带来"痛"，坚持下来的，你就是痛快，坚持不下来，你就是痛苦。因此，我们要想生活丰富多彩，要想寻找生活的幸福，就一定要坚持运动。经历了痛苦到痛快的过程后，我们对待生活的意志就更坚强了。比如，我们练习跑10000米的过程中，刚开始肯定很痛苦，跑不完很正常，但在一次次的挑战自我中，你会发现自己是可以的，酣畅淋漓的感觉也还不错，就会在生活的长跑中坚持不懈，勇往直前。

媳妇观点三：多写写，收获我们的精神果实。 我个人认为，写是创造精神幸福、收获精神幸福和保存精神幸福最好方法之一。比如要表述一个观点，我们会对这个观点进行全面解剖和论述，在这个过程中，我们会去查阅更多的论据，会加深和丰富我们对这个观点的认识，这个过程会提升我们的认知高度，这就是一种收获的幸福。我和丈夫每年都会一起写总结，这会让我们回顾一年中家庭发生的点点滴滴。在写总结的过程中，我们的脑海中会浮现出一年来的许多情景，不管是喜悦还是忧愁，是成功还是遗憾，背后都是我们共同的付出与努力，写着写着，我们就会为自己而感动，为家人而感动。

我的启示

打造个人幸福空间的方式有很多，每个人都有自己的方法，以上是媳妇个人的一些感触，主要是给大家分享和启示，希望能够对大家有所帮助。

结交几个好闺密

　　媳妇在公司组织了一个比较有名的"闺密团",叫"梧桐树"组合。她们这个组合开始时是以运动为主题建立的,约定每周三利用中午时间开展瑜伽课程。一群志同道合的姐妹就这样组合起来了,定了群规则开始"运营"。每周三,大家约在一起练习瑜伽,过程中还不忘分享各自在工作中遇到的一些问题,组合里的其他同事也会互相分析和"支招",仿佛每一个人身后都有一个大型"智囊团"一样。每周三群里的话题都不一样,有的讲工作,有的讲生活,有的讲感情。因此,到了做瑜伽结束的时候,大家心绪都很高,就像"打了鸡血"一样。因为这个时间点被大家定义为"情绪平复期",无论是工作的难点还是困惑点,生活的痛点还是乐点,都可以在每周三分享,时间大家也格外珍惜。

　　媳妇经常讲,无论在公司还是在外面,每个人总要有几个跟自己比较友好的、能讲秘密的朋友。在公司往往会看到饭后、下班后几个比较友好的、志同道合的同事聚在一起聊聊天;在个人生活上,大部分人除了照顾家庭外,也总会抽时间跟闺密聚在一起逛逛街、聊聊天。其实这种聚合,不仅仅是一个单纯的朋友见面,更多的是在谈话中能了解到工作圈子里没了解到的事情,或者通过这个渠道去吐槽一下心中的不快与郁闷,让心情得到放松,情绪得到释放。

　　媳妇观点一:与闺密一起分享喜悦,幸福感会更强。当我们在工作中取得了成绩的时候,闺密之间可以相互说一说,好的经验相互分享一下,大家一起提升;当我们在相夫教子方面有进步时,闺密之间也可以相互说一说,让大家在感受幸福的时候,相互取长补短，大家一起进步；如果是理财收益不错，或者找到了一个好项目，闺密之间可以说一说，大家一起发财，等等。我们在与闺密分享喜悦的过程中，大多会得到她们的祝福，同时也能够听到她们的喜悦，这样会增强我们的幸福与快乐。

媳妇观点二：向闺密倾诉苦水，痛苦会越倒越少。工作中受了委屈，出现了失误，可以向闺密诉一诉苦，大家帮助一起分析分析原因，一起吸取教训，这样至少我们会感觉自己的失误对于闺密的将来还是有一定警示作用。婆媳关系出现了问题，可以向闺密吐吐槽，大家坐一起聊聊家常，也许聊着聊着，发现自己的婆婆原来还行，比起某个闺密家的强多了，这样怨气就少了。和老公吵架了，可以让闺密一起帮助出出主意，估计当大家一起批评他的时候，说不定你又会于心不忍呢。

媳妇观点三：闺密之间共享生活信息，生活能力会越来越强。闺密聊天的过程中，我们可以获取很多自己无法知道的信息，也能够学会很多我们在书本中、电视里学习不到的生活知识。如：在孩子教育方面，可以学习如何报兴趣班、如何对待孩子叛逆期等；在投资理财方面，可以学习了解哪家银行的基金收益高，哪家银行可以买到国债等。一个人的信息量总是有限的，眼界也是有盲区的，只有善于发挥闺密的信息群作用，生活能力才会越来越强。

> **我的启示**
>
> 女性朋友的幸福生活中肯定少不了几个好闺密。当你开心时，她们可以陪你一起"凡尔赛"，当你不开心时，她们能够耐心听你诉苦。大家没事约在一起，忆古论今、谈天说地，带来的是满满的放松与幸福。闺密本身就是一种奢侈品，有就好好珍惜吧。

主动接触生活中的新事物

　　媳妇是大家都崇拜的一位女强人，公司的同事接触她大多是因为她在工作上的优秀表现。记得某段时间，大家在刷朋友圈的时候，突然看到媳妇一连几天都在晒她做的美食和画的油画，不禁好奇，都围过来找她问情况。

　　阿芬问道："娜姐，最近看您在晒油画，那些都是您画的吗？据我了解，您好像之前很少画画的，怎么突然画出这么多好看的油画呀？"

　　媳妇回答："当然是我画的啊，画得好不好看？"

　　媳妇告诉大家，有一次，她看到女儿画画挺好看的，就觉得自己也可以去学一下，跟她一起画，这样双方又多了一个交流的话题。于是她就去报了一个油画班，每周去上两节课，学着学着，感觉自己还蛮有画画兴趣的，这样不自觉又多了一项技能，同时还可以陶冶一下情操，提升一下审美，多好。

　　媳妇还和大家说，她去上课时年龄是最大的，跟小朋友一个班，跟着他们从最基础的学起，从一开始啥都不会到现在已经可以独立调色作画了，但有些画画的技巧还掌握得不太好，还需要做进一步提升。等自己把课程学完了，画画水平再提升一个台阶的时候，也给她们几个画一幅，可以挂家里做装饰品的。

　　听到这里，阿芬及同事们对媳妇佩服得不行。

　　没过多久，媳妇还真的把自己的作品送给了几位比较要好的朋友，大家打开看的时候都赞叹画得不错。每一个线条的勾勒、每一种颜色的搭配、每一处景色的布局都别具匠心。

我的高管媳妇成长秘诀四：培养8项生活力

媳妇是一位敢于尝试和创新的女性。她经常说："人生要敢于尝试新事物。"她之前一直觉得自己不能跑，但后来她决定挑战自己，开始坚持跑步，在自己的不懈努力下，体能得到了较大提升。当陪着她跑过全马终点的时候，我心里暗暗地为她竖起了大拇指。

还记得有一段时间，媳妇转了个"风向"——晒美食。她曾经跟我们说过，读化工的一定会做美食，做菜的过程其实就等同于做化学实验。所以，她觉得做菜很简单，用她自己的理论都可以把每一道菜做得很好，无论是面食还是米饭。她做的菜也有创新，会跟平常大家看到的食谱不一样，但每次出品几乎都不会让我们失望。她觉得做菜的过程是一个令人精神放松的过程，解压的同时还可以给家人提供一顿美味的饭菜。

媳妇说，工作需要创新，幸福的生活也同样需要创新。我们女性在经营生活的过程中，需要主动接触一些新事物，引入到家庭中，让生活时常有新意，持续保持幸福的活力。

媳妇观点一：我们要乐于接触生活群体中的新事物。工作中的朋友是圈子，生活中的朋友同样也是圈子。好朋友越多，生活就会更加有趣，因此，我们要乐于接触生活中的新朋友。比如：新邻居搬来了，我们见了面可以主动上去聊聊天，问问情况，介绍介绍小区或邻里情况，说不定哪天就可以一起练瑜伽呢；孩子班里来了新同学，可以让孩子去问问情况，这样方便我们在家长群里交流，至少可以向他的家长请教关于转学方面的知识；朋友圈里的消息，我们也要经常关注，里面会有很多我们需要的信息，比如别人家孩子的生日背景是怎么布置的，哪里的商场大搞活动，等等，都会对我们生活创新有帮助的。

媳妇观点二：我们要乐于接触生活方式上的新事物。生活方式直接决定生活效果。现在很多新的生活方式进入千家万户，方便了很多家庭的生活。如果我们不主动接触，那将落后于时代和社会。比如，消费方式上，现在新平台层出不穷，除淘宝、京东、拼多多、美团外卖外，大众点评上的套餐、高德上的加油优惠、京东到家、朴朴超市，等等，很多都是我们平常生活中可以用到的，只要我们去接触，就会给我们带来快捷方便。在娱乐方式上，小视频、抖音、小红书等，都可以丰富我们的娱乐生活。

媳妇观点三：我们要乐于接触生活元素中的新事物。 常言道，巧妇难为无米之炊。如果不主动接触生活中的新物质、新元素，我们怎能有创意。市场上新型家电出来了，我们要主动凑上去看一看，方便的话可以试用一下，感受一下，这样会改变我们干家务的方式；没事还是要逛逛街的，看看出了哪些新款衣服鞋子，适当为家人买些回家；开播新电影、新电视剧，也要主动追一追，这样才能保持家庭生活始终有新气、有趣味。

> **我 的 启 示**
>
> 　　生活的新气来自不断的尝新。在尝试新事物的过程中，我们的生活之水才会波光粼粼，荡漾出绚丽的芬芳。

统一好"四个关键思想"

　　媳妇公司为了提升女性的领导力,不管是在公司层面还是部门层面,都在强调这方面的能力培养,并且不定期地开办一些相关沙龙。记得在公司层面组织的一次女性领导力沙龙上,媳妇和大家分享的家庭生活,让大家很受触动。

　　"你必须摆正心态,你是家庭里的一分子,丈夫家的事情你都要正视,并且要把他们家的事放到重要位置去解决,这样就可以让他们更加觉得你是家里重要一员。我是有规律地跟老公回老家的,春节只要老公想回我就支持、亲戚朋友办喜事老公有需要我也支持、老公休假想回家看望父母我一定支持,等等,这样一来,他也觉得有面子,心情自然不一样。

　　"婆媳关系是千古难题,一个家庭在相处过程中不免会起纷争,甚至还存在不少"定时炸弹",要记住没有语言冲突就没有正面交锋。在家庭相处过程中遇到有不同意见或矛盾的时候,我一般选择不说话。如果实在是有看不下去的地方,跟老公说,让老公出面,毕竟老公是婆婆的儿子,多少也会听一点,会比较好沟通。

　　"大部分冲突都是因孩子而起的,我坚持的一条原则是,如果老公或老人不触及我的底线,我就不说;但是如果涉及孩子教育理念上的一些的纷争,我会发表我的意见,跟他们讨论,问他们的意见,针对他们的意见一起做分析。对于一些日常生活中对待孩子的方式,我们要始终懂得:他们也是为孩子好的,不会做出伤害孩子的事情的,只是在一些方式方法上不对而已,不要过多地追求完美,难得他们付出自己的力量来给我分忧,要带着一颗感恩的心来对待他们。

"在工作与家庭的问题上，你要学会跟丈夫及家人'打招呼'，如果你很想在工作上奋斗出成绩，告诉他们你需要支持；如果是想选择回归家庭的，那就及时把家里的其他劳动力释放出去，减少面对面的时间，从而减少产生摩擦的机会。

"在金钱观上要跟你的老公形成默契，家里的财产、现金如何分配？千万不要事事都斤斤计较，双方保留一定的自由度，能自主把握一定的决定权和使用权。"

大家听完她的分享，都高高竖起了大拇指。

媳妇说，家庭和谐是幸福生活的基础，我们女性作为家庭生活的主要经营者，最为重要的就是要统一家庭成员的思想，特别是与丈夫的思想，最大程度减少内耗，共同编织好家庭生活的同心圆。关键的思想、理念统一了，我们才能静心、安心地携手编织我们的"同心圆"，才能有希望、有信心把我们的"同心圆"编织得亮丽多彩。

处理家庭关系思想要统一。别小看家庭关系，虽然人不多，圈子不大，但家庭关系处理起来却很复杂，这也是很多女性朋友宁愿去辛苦赚钱，也不想待在家里，天天和家庭关系打交道的原因。因此，我们女性要想家庭关系和谐，必须与丈夫建立统一的思想。在对待双方父母上要统一思想，如谁家老人带孩子，过年过节回谁家，等等，都要提前商量。对处理双方亲朋好友关系上口径要统一，如借钱额度多少，怎么随份子，等等，都要沟通好。家务分工要统一，如谁主干哪些家务，谁配合哪些家务，等等，都要提前约定好。在商量沟通的前提下，大家就会有一个统一的思想认识，有一个基本的处置预案，能够有效促进家庭关系的和谐。

管理家庭财务思想要统一。 财务是支撑家庭幸福的基础。一个家庭的目标离不开财务目标,因此,现代职场女性虽然经济上完全可以独立了,但这不是我们忽视家庭财务管理的理由,而管理家庭财务的关键就是要与丈夫统一财务管理思想。在财务目标上要统一,如:家庭的财务谁来负责主管?年底的存款目标是多少?如何配置家庭财产?等等。在财务开支方面要统一,如:平时生活日常开销总额不超过多少?大人、小孩的零花钱每月额度是多少?多少标准以上的大额开支需要先沟通再支出?近两年想添置哪些生活大件?等等。这样才能保证家庭财务管理有序,稳健增长。

关注孩子教育思想要统一。 不少夫妻因为孩子教育问题经常是吵得不可开交,有的甚至影响夫妻感情。为什么会出现这种情况?主要原因是夫妻在教育孩子方面没有达成统一的认识。因此,在孩子学习教育上,夫妻双方除要积极参与外,更重要的是要经常沟通商量,必要时要让孩子一起参与到沟通中来,形成统一的理念和方法。如:是成绩分数重要还是成长快乐重要?是报辅导班强硬提升还是引导孩子自觉学习逐步提升?要不要买学区房?谁主要关注孩子哪个科目?孩子可以自行回家后是不是一定还要接送?假期是报班还是送回老家见见亲人?看电视、玩手机的时间多久合适?等等,只有提前沟通好这些事情,才能有效避免发生冲突。

处理矛盾思想要统一。 当家庭生活发生矛盾冲突时,夫妻二人要统一思想,共同商量如何解决矛盾,要坚持把夫妻和睦作为处理家庭矛盾的原则底线。比如:不能因为婆媳关系影响了夫妻关系,要理解丈夫夹在中间难做人,一边是生他的娘,一边是给他生娃的你,放在谁那里都不好处理;也不能因双方看待事情的观点不同发生争执就分床分房,更不能因为多吵了几句嘴就"老死不相往来"。

在家庭中，无论出现什么类型的矛盾，或多或少都会影响到男主人和女主人的情绪，因此，我们女性在处理冲突时，一定要把夫妻感情放在首位，矛盾发生后坚决不打持久战，切不可让一般矛盾发展到影响感情。虽然说夫妻感情是所有问题的起点，但这更是所有幸福的原点，也必将是我们这一生幸福的归宿。

> **我的启示**
>
> 在生活中没那么多规则，但每一个人心里都会有一杆秤，凡事都需要从多个维度去想一想，多做换位思考就不会有那么多烦恼。面对生活，要多一些理解，多一点儿包容，多一份智慧。

扮演家庭活动的设计师

有的人很注重仪式感，任何一个关键的日子或有纪念意义的日子总有迹可循；有的人虽然很想留下美好的回忆，却因为不好意思而放弃，最终美好的回忆只能留在心中；有的人压根就没想过给自己的生活留下任何痕迹，日子过去了就过去了，到了蓦然回首的时候发现，啥也没留下，记忆也是模糊的。

在我们的身边，有一位对身边的事情很注重留下印记的人，她就是我媳妇，一名妥妥的生活设计师。

每年在小孩开学的时候，媳妇都会召集全家来到孩子学校门口跟孩子合影留念，甚至每年都尝试着穿同样一套衣服来合影。当看到她晒的朋友圈，看到这么多年来的合影剪辑，看到我们一家这些年来的变化，幸福感油然而生。

在孩子的教育上，媳妇从不马虎。她以身作则地带动全家阅读；每次考试后给孩子做错题收集与分析，一同研究、一同提升，给孩子提供更宽广的解题思路与错题纠正的方式；她利用我爱好写作的特点，重点培养孩子的写作，并收集孩子的优秀作文，策划我和女儿共同撰写《小作者离不开好爸爸》一书，并成功出版。

每年结婚纪念日，媳妇都会组织我们去照一张全家福。从一开始稚嫩的小两口到现在的四口之家，没有一年是缺失的。朋友们都不禁为之惊叹，这种仪式真的很有纪念意义。除此之外，每一年我们家都会写一份总结：总结过去一年的生活并期待来年，对来年定一个目标，开启新的希望。

生活是平淡的，但媳妇用自己"生活设计师"的身份，给我们这个小家庭带来了无限乐趣。

媳妇说，家庭活动至关重要，可以更好地拉近家庭关系。如果一个家庭没有丰富的家庭活动，大家你干你的，我学我的，慢慢家庭就会散失掉亲密的家庭氛围。在家庭活动方面，我们女性要积极主动，用心策划，把家庭活动作为营造幸福和谐氛围、消除家庭内部隔阂的重要方法，努力当好设计师和主导者。建议要重点策划好以下方面活动：

放松心情的活动要首当其冲。家是我们幸福的港湾。每个家庭成员都希望在忙碌和紧张之后，能够快速回到家中享受自由自在的放松和休息。因此，家庭活动首要目的就是要让大家感受到快乐与轻松。如孩子期末考试结束后，我们组织一次家庭旅行，带孩子去爬爬山、出出汗、打打卡，把一学期积累下来的紧张与愁苦好好清理一下，来个潇洒断舍离。定期组织全家去吃个大餐，换换口味，满足一下大家对美食的期盼。在组织此类活动前，我们要听听大家的意见建议，尽最大可能满足大家的个性化需求，这样才能使我们的活动效益最大化，才能让大家得到最为满足和彻底的放松。

重要的日子要搞出仪式感。其实，我们每年的日子中，有很多值得庆祝和纪念的日子，如果家里的女主人善于发现，平凡的生活就会多一些幸福的涟漪，会荡漾出更多迷人的浪花。比如：中秋夜，我们可以一家到天台或院中赏月，饮茶作诗，感受花好月圆的美好；每年的结婚纪念日，我们可以写一份总结，照一张合照，并拿出前几年的总结和照片来对比，别提有多幸福；孩子每年开学，一家人一起去送，每年都在相同的地方按相同的动作拍些照片，日后定会回味无穷。这样的仪式活动，会让我们觉得很有意义，也很有纪念价值，也会成为家庭幸福的珍贵记忆。

我的高管媳妇成长秘诀四：培养8项生活力

家庭教育要注重寓教于乐。 现在都在提倡家校共育，因此，我们女性在筹划家庭活动时，一定不要忘记把孩子的学习教育融入进去，达到寓教于乐的目的。可以开展读书日活动，定个日子，全家人放下手机、关掉电视，每人拿一本书好好看两个小时。可以组织演讲会，给孩子指定一个主题，让他写一份演讲稿，并在家庭上台演讲，这既锻炼了写作，也提升了表达能力。可以组织难题会诊活动，集中一个时间，让孩子把需要父母帮助辅导的作业难题拿出来一起研究。合适时间，我们还可以组织学习交流活动，利用节假日，邀请优秀的同学及家长来家里或去公园一起交流，取长补短。学习活动的方式方法有很多，重要的是要用心去筹划和组织，切不可每次都一成不变，要坚持创新，这样家庭成员尤其是孩子们参与的热情才能长期保持下去。

营造共同参与的家庭运动氛围。 运动是家庭活动不可缺少的内容，不仅能够增强全家人的体质，也能促进全家人养成运动的好习惯。一个人的运动比较乏味，并且很难坚持下去，因此，我们女性组织家庭运动时，要鼓励和要求大家集体参与，相互监督和鼓励，形成一种全家运动的浓厚氛围。这里以组织跑步来举例。跑步是最简单的运动，也是最好召集和组织的运动。每次跑步前，我们可以为每个家庭成员定个小目标，比如爸爸5000米、妈妈3000米、小孩1000米，大家一起在小区跑圈，相遇时相互挥手鼓励，肯定感觉不会累，而且还有成就感。在国庆、过年这些重要时间，可以组织大家来挑战新距离，如大人10000米，小孩3000米，这也是一种很有意义的纪念方式。如果遇到有政府或社会团体组织的活动，也可以集体报名参加，如果名额太少，可以一人参加，全家围观。慢慢坚持下去，大家肯定都会慢慢爱上跑步，自觉跑步锻炼。我们家 3 枚马拉松奖牌都是夫妻二人一起携手跑完的。

> **我的启示**
>
> 　　家庭活动意义重大，女主人要努力当好家庭活动的设计师，让每一位家庭成员在活动中获取轻松与快乐，在活动后焕发新的活力与激情。

用真心保鲜真爱

有些朋友经常问我，媳妇在家里是不是很强势，会不会给家人造成压力。我的回答是没有感受到，媳妇在家里和公司几乎判若两人。作为她的丈夫，在家里我没有感受到她身上女强人的气质和气场，反而是一位平凡的妻子或妈妈，对待我的事情，虽没那么勤快，但绝对不是放任不管，感觉是恰到好处。

比如，我的衣服从来没有自己操心过。以前在军队穿的是军装，转业回地方后，穿的衣服、提的工作包、领带、腰带，包括内衣袜子都是媳妇买的，几乎是应有尽有，老妈看到我穿的衣服，都很开心，说媳妇打理得不错。

我的脾气也不是很好，有些时候会把情绪挂在脸上，媳妇从来没有和我较过真，经常会逗逗我，我自己也很快会找台阶下。我们之间的矛盾几乎没隔过夜，这一点，我非常感谢媳妇的包容。

媳妇比较讨厌我喝醉酒，因为那样对我身体不好，每年我都会醉几次，每次喝醉回来她都说以后不让我喝酒了。但现在我仍然是每天都要喝一两酒，她从来没有反对过，有时看我没喝，还主动提醒我喝点。

每次休假，我几乎都是回老家看望父母，媳妇从来没有反对过，而是主动把家里的事情协调好，以便我安心回家，让我尽情回去放松。

媳妇说，夫妻关系是我们生活幸福的本质和基础。没有亲密的夫妻关系，家庭不可能幸福。我们女性在获得丈夫关爱的同时，要懂得珍惜这份爱，用心去维系这份爱。

媳妇观点一：当好支持者。 男人不怕辛苦，怕的是辛勤付出后家人不理解，不支持。我们要用心去了解他最在意、最关心的是什么，现在遇到哪些困难，然后力所能及地去为他提供支持与帮助，既有精神上的支持，也有行动上的表示，让他知道我们爱他，在意他。我们不要一味强求他去进步，毕竟上进不是他说了算，谁都想进步，但进步除了努力外，还需要机会，我们要相信只要他一直在努力奋斗的路上，成功就一定会如约而至。

媳妇观点二：当好仰慕者。 不要一味在他面前说别人的好，拿别人来贬低他。即使他不能干，只要你爱他，愿意嫁给他，那当初他身上就应该有你喜欢的闪光点，不能因为结婚时间长了，就习惯了，不以为意了，要把对这个闪光点的欣赏保持下去。要肯定他的成绩，但凡有点进步或起色，我们都要给予充分的肯定，该祝贺的祝贺，该庆祝的庆祝，让他有满满的成就感。

媳妇观点三：当好形象助理。 虽然很多职场女性很能干，但时刻不要忘记我们是妻子的角色，要把老公的形象助理这个岗位干好。我们都知道，男人是很爱面子的，但他们在穿着上却很随意，有的还很不讲究，这样必然会经常丢面子。因此，我们要学学化妆师，努力提升自己的审美能力，定期为丈夫买些衣服、鞋子，把他打扮得有精气神，这样会提升他的自信心与幸福感。出席活动时，要为他搭配好衣服，让他有好形象，给人留好印象。

媳妇观点四：当好备飞员。 有些家务事情，天生就是男人干的，比如换灯泡、换水龙头、修理门窗，等等，但当丈夫没有时间来处理这些家务时，我们要主动顶上去，采取叫物业处理、呼叫朋友帮忙、请专业人士上门服务等方式来处理，减轻男人的心理压力，告诉他安心去处理工作，干好事业，这些事情我们是有应急预案的，是可以处理得很好的。这样，会让他工作得更安心、更轻松。

媳妇观点五：坚持小矛盾"不过夜"。夫妻发生小矛盾就像我们女性买衣服一样，隔几天就会出新样，不是觉得老公处理婆媳关系不公平、就是发现老公私下给了弟弟5000块钱，或者老公晚上喝酒回家太晚了，等等，可谓是层出不穷。有些女性在处理夫妻小矛盾上，总是要算得清清楚楚，甚至有的妻子还喜欢借题发挥，要么跑回娘家住上几天，要么直接分房睡，最后把小矛盾炸成大冲突，把小分歧烧成大隔阂，直到遇到重大变故时才愿意和好。这种女性处理夫妻小矛盾的方式，我认为是极不明智的。都说十年修得同船渡，百年修得共枕眠。百年的修行才能让我们在一张床上睡觉，床上难道不是解决两个人的矛盾和分歧的最好地方吗？在夜深人静的时候，大家都冷静下来，心平气和躺在床上好好谈一谈，敞开心扉交流下思想，回顾一下结婚以来的幸福与不易，我想，夫妻之间的小矛盾大都是为了这个家庭向好发展而产生的，都是正向的矛盾，在交流过程中相互理解些、体谅些，相互给点台阶下，自觉主动就坡下驴，这样，在双方的正向运动下，大部分的矛盾都会得到化解，即使不能全部化解，也比你跑出去逃避和激化强多了。

我的启示

工作中的女强人，生活中依然可以是贤内助，虽然时间上有时会少些，细节上也会少些，但她们的爱却是真心真意、实心实意。

理性引导孩子成长

　　媳妇认为，孩子的成长需要母亲的热情，但更需要母亲的理性与坚持。媳妇平时对孩子的管理还是比较宽松和理性的，不怎么细管孩子，大部分的事情都是靠孩子自觉去完成。

　　现在觉得女儿也是小大人了，所以媳妇有时会有意在女儿旁边处理一些日常工作，也会时不时带她参加一些公司的培训，没想着女儿要学到多少，只是有机会就单纯地想让她感受一下。

　　有一天晚上，媳妇在家里接到工作电话，刚好电话里下属有个任务一直完成不好，然后在电话那端一直在找外因，喋喋不休讲了半个小时，最后媳妇也很无奈地挂了电话。刚刚放下电话，女儿就在旁边说："妈妈，我觉得你这个同事太懒了，都不找找自己的原因，老是在说解决不了问题，这样他很难完成任务的。"

　　媳妇愣了一下，正好有意考考女儿："那如果是你，你会怎样？"没想到女儿还真是头头是道地讲起了自己会怎么做，还有几个点猜中了媳妇的想法。她惊讶地看着女儿，问："你这些想法还挺清晰，哪里学来的，还不错嘛！"

　　女儿说："这不就是你平时说的吗，我把你经常说的总结起来啦，而且这种情况上次你们公司的培训就有讲到类似的了，只是他没认真听。"

　　这个回答让媳妇非常开心，真没想到平时自己工作中的言行举止对女儿影响这么大，现在女儿的学习和总结能力远远超越了自己的期望。

　　媳妇说，几乎所有现代女性朋友，最为担心的几件事情中肯定少不了孩子。孩子是母亲的心头肉，孩子的成长牵挂着每位母亲的心。在教育和引导孩子成长上，我们现代女性朋友既不能只会满腔热情，也不能以工作为借口放任不管，一定要有一个理性的认知态度。

媳妇观点一：小学阶段之前，重在管教。 这个阶段，孩子展现的多为天性，认知几乎都是任性，对是非曲直无法判断。这个时期，我们要以管教为主，通过与学校形成合力，将正确的学习习惯、生活习惯、性格养成输入孩子的脑海中，反映到平时的言行举止中。这个时期的孩子记忆力很好，好的思想、好的习惯容易接受，只要我们家长坚持住，就会有很大改善提升。

媳妇观点二：中学以后，重在沟通。 中学阶段的孩子已经有了自己的思想，明辨是非的能力也在不断提升，可以听懂道理。这个时期，我们要多与他们沟通交流，掌握他们的学习情况、思想动态，在了解他们的基本情况后，再根据我们的判断来提出科学合理的意见建议。大多数时候，我们要与他们以朋友的方式相处，平等对话，和平交流，即使有些问题，也不要动不动就责备训斥，要做到以理服人、以情感人。当然，这个阶段的孩子也会出现叛逆思想，这就需要我们换位思考去采取措施，不要以为我们是大人，经历得多，就一定要按照我们的思路去执行。很多时候，孩子们的思路也是很不错的，我们大人要学会倾听，学会接受他们提出的好意见，并在行动中去向他们证明我们的倾听。

媳妇观点三：全程培育，重在身教。 言传身教，重在身教。无论培养什么阶段的孩子，身教的力量都是巨大的，也是不可替代的。因此，要求孩子做到的，我们大人首先要做到，要求孩子不要做的，我们大人也不要去做。有些事情，因为我们大人做了给孩子造成误解的，这时候要解释清楚，比如，我们大人现在肯定是手机不离身的，动不动就要拿出手机处理工作和朋友关系，或者接收孩子学校的群信息，这个时候如果我们不解释清楚，孩子就会以为我们是自我要求不严，要求他们不看手机，自己却手机不离手，是"只许州官放火，不许百姓点灯"的行为。这时父母的解释就很有必要了，要让孩子明白我们用手机是在干正事，而不是玩游戏、看视频。只有我们在孩子面前模范带头，以身作则，孩子才会从心里认可我们的观点，才会慢慢地去接受和改变。

我的启示

父母是孩子最大的榜样，只要我们努力去做一个理性的、积极的、奋进的父母，这样不管我们给他们创造的物质生活是富贵、温饱还是贫困，营造的都是一个富有的精神生活。

动态平衡工作和生活

媳妇说，平衡好工作与生活的关系，这是我们女性最希望的幸福。这样，既可以开心地享受工作带来的快乐，也能沉浸在美好生活的甜蜜中，一边尽情地当女强人，一边又是大家嘴上夸耀的贤妻良母。这样的状态也是我们女性的终极目标，但要想得到这种状态却并非易事，需要我们用心用情去付出，也需要我们用心用情去感受。

媳妇认为，工作与生活的平衡是一个动态过程，必须根据不同场景做不同的倾斜，根据不同的时机做适当的调整，这样才能获得动态平衡的幸福。

媳妇在她十八年职业生涯中，工作与家庭的平衡也进行了十八年，随着不同的形势，不断地调整。正是这十八年的动态平衡，成功实现了她的职业梦想，也营造出了我们小家庭的和谐幸福。

如何实现动态平衡，媳妇分享了自己的几点建议。

建议一：接受"不完美"的现实。为什么大家经常说"家家都有一本难念的经"？因为结婚是两个大家庭的结合，每个家庭的现实情况不一样，这是导致每家"经书"都不同的原因。因此，在现实面前，我们要说服自己从容地去接受和面对，要主动接受现实的不完美。如：对丈夫工作进步慢、赚钱少等问题，我们也要坦然去接受，毕竟世间占多数的还是普通人；丈夫和孩子参与家庭活动的积极性不高，这个我们也要接受，毕竟是要他们被动干活，嫌烦也正常，但我们可以主动引导他们，活动前多沟通一些，活动中多安排一些互动，活动后多一些成果展示，久而久之一定会有好转；与婆家人生活习惯不一致，这个也要坦然接受，就算是一个村的，生活细节照样会不一样的，除非不嫁，这就是现实生活；对自己工作中存在的困难与问题，我们也要接受它，即使短时间很难改变，也要坦然地接受我们还在干的这份工作，等等。只有说服自己接受这些现实中无法调和的"不完美"，我们才能从自己及家人的点滴努力、进步和改变中感受到获得感与幸福感。

建议二：区分好轻重缓急。当工作与生活发生冲突时，我们要坚持轻重缓急的原则，哪方重要就哪方优先，就要协调安排另外一方让道。比如：在年轻阶段，我们要努力工作，要为了自身的梦想和追求去奋斗，这个时候，生活方面就要给事业让步，过年不回家、衣服包包少买点都是理所当然；在孩子成长的关键时期，我们除了要重视孩子教育外，更要主动付出时间和精力，这在一定程度上肯定是要影响工作的，但孩子成长是不可逆的事情，这个时候，工作就要适度给孩子成长让路。

建议三：坚持男女平等原则。在生活中，只有平等关系确立了，我们才能更加理性、更加客观地去处理好各种事情，化解各种矛盾。因此，在对待工作上，既要热爱自己的事业，也要尊重丈夫的事业，不要总强调自己工作辛苦和重要，让丈夫在工作上给自己让道付出，这样的不公平肯定会埋下隐患。我们要在平等尊重的基础上，靠自己的努力去实现属于我们的事业梦想。在对待生活上，我们不能一味以自己是女人，以丈夫爱自己为理由，在生活上想干什么就干什么，骄横跋扈、为所欲为，不顾及丈夫在生活中的感受，最后导致表面"繁花似锦"的生活却越过越"清苦"。

建议四：提升工作与生活的融合度。虽然说工作和生活是两个不同的维度，很难兼顾彼此，但我们女性要发挥善于调和的优势，

我的高管媳妇成长秘诀四：培养8项生活力

尽可能找到两个维度的交织面，创造工作和生活相互融合的机会，在工作中融入些家庭元素，在家庭生活中开展一些与工作相关的活动，相互融合，相互促进，这样对工作和生活来说，都有一种正面作用。比如，周末加班时，带孩子去单位参观一下，在参观的过程中，介绍一下单位的基本情况，讲一讲同事们每天从事的工作内容，让孩子对大人的工作有一个基本认知，这既是周末陪孩子的放松活动，也可以处理好工作，同时还让孩子拓宽了知识面。下班回到家里，可以在饭桌上把工作的思路讲给丈夫听听，让他帮助提提意见，在边吃边聊中让丈夫了解自己目前的工作状态，同时也可以帮助自己出出主意，提升工作质量。平时工作中，可以在休息的时间与同事们一起探讨一下家庭生活的话题，这样都可以为紧张的工作带来一些轻松。

> **我的启示**
>
> 　　工作和生活犹如每个家庭前进的双轮，只有在动态的过程中保持齐头并进，均衡发展，才能实现家庭的幸福和美和事业的蒸蒸日上。同时，家庭也是一个组织，家庭成员之间要相互支持，互敬互补。

8位典型现代职场

女性朋友专访

  本章，媳妇有幸专访了她比较熟知的8位女性朋友，她们处于不同年龄段，是各行各业的现代职场精英女性，她们获得成功与幸福的经验非常值得我们学习和借鉴。由于对她们的专访时间不长，所以内容不是全面介绍，只选取了本书需要的内容进行采编，从媳妇的角度进行了介绍分享。希望广大读者能从她们分享的共同的成功和幸福之道上感悟到好的思想，学习到好的方法。

专访一：周莉女士

——发挥刚柔并济的女性优势

周莉女士，曾任某通信技术公司副总经理、天赐材料公司原副总经理。离开天赐材料后，转行进入教育行业，现正在筹划建立一所学校，目前已经获相关教育部门批准。

2006年，那是我第一次和周莉女士见面。当时她是天赐材料的副总经理，也是我进公司的终面面试官。说起来，她还是我进入天赐的领路人之一。周莉女士是我初入职场时接触的第一位女性高管，原以为女性领导都是很强势的，但我在周莉女士身上更多看到的是女性刚柔并济的力量。

勇于经历磨砺，才能丰富经历。

在加入天赐之前，周莉女士曾经在一家通信技术公司任职副总经理，公司除了财务外的其他模块都由她来分管。一开始她也不是一名全能选手，但在老板极具活跃性的工作思维、目标又快又准的落地要求、多项工作任务的穿梭跳跃、内外场合的来回应对等等高强度和快节奏的工作环境中，她始终保持积极的学习心态和工作状态，不畏艰难险阻，勇于接受各种挑战，坚持一次不行两次，多次不行则推翻重来。功夫不负有心人，最终，经过千锤百炼的周莉也得到了全方位的锻造，工作能力得到了全面提升，带领团队出色完成公司交办的各项任务，深得领导和同事们的赞誉。

先入为主，变被动为主动。

入职天赐后，周莉女士发现，她面前的这位新上司的思维活跃度不亚于前老板。她明白，要想快速适应新岗位和做出业绩，得到大家的认可，就必须跟上老板的节奏和思维。

很快，细腻的她观察到了一个细节，即使作为一家公司的董事长，徐总也会亲自跟进公司关键项目的工作进度，甚至常常在通勤或出差路途上打电话一个个追问工作进展，并跟项目负责人就推进过程中存在的问题进行深入沟通交流。毫无例外，身兼数职的她也几乎每天都会接到老板突然的电话讨论工作细节和进度。周莉女士心想，这样下去也不是办法，一直让董事长频繁操心工作进度，肯定还是自己工作上做得不够到位。

于是她"先下手为强"，对于重要的项目她都会提前梳理出老板最关心的问题，并主动在关键时间节点汇报，并对卡点问题形成具体书面方案。这一招果然奏效，成功拦截老板的"夺命Call"，也倒逼自己成为一位靠谱的助手。后来，她常和我们说，反馈也是工作很重要的一部分，没有人会喜欢总给自己制造意外的下属，避免意外的核心是急上级之所急，上级关心的问题不要等着他来问，要主动汇报。以至于我在后来的工作中，也常常记得她说的话，并实践着。

认识自我的同时，不断挑战自我。

无论是在通信技术公司还是在材料新能源公司，周莉女士所从事的工作都与她所学专业完全不相关，专业跨度也非常大。从物理到化学，对于文科出身的周莉而言，无疑都是极大的挑战。我常常好奇，是什么让文科出身的她在大多都是理科男的群体中游刃有余？除了她勇于挑战"全流程打通关"的精神外，更重要的是力量核心来源于她的内心。周莉女士认为职场女性要非常了解自我，知道"我是谁，我擅长什么，我能做什么"。只有认识到女性细腻、同理心强、黏合力优等优势和发挥文科生文字表达、归纳总结等能力，才能做到优势最大化。在长板上不断精进，在短板上逐步进取，这也是作为职场女性游刃有余的智慧囊。

  如今，我们都奔赴在各自的工作领域中，工作之余也和周莉女士有断断续续的联系，得知她最近又在筹划建立一所学校，并且已经拿到教育局的办学批复。教育管理是她大学所学的专业，兜兜转转还是回归到她的专业领域。她说，这一切都是机缘巧合，即使一开始她的所用并非她所学，但人生走的每一步都是财富，谁也猜不到结尾，时间自会给你答案。

专访二：陈慧英女士

——事业与家庭的美妙结合

陈慧英（Helen）女士，全能少年的创始人，曾任中国宝洁玉兰油运作厂长和亚太区质量管理部（QA）经理。

与陈慧英相识始于2007年，源于工作。那时候的她是天赐质量部门的外聘顾问，而我刚好是质量部门体系审核的对接人，也常有机会能请陈慧英指导和交流工作。2007年，在一次偶然的工作交流中，了解到陈慧英曾是宝洁女性俱乐部的发起人，她和我们提到了"女性领导力"这个词。当时这个在国内民营企业中还比较新颖的词好像一股力量击中了我，在我的脑海里生根发芽，那是我第一次感知到女性领导力。这股力量使我在天赐工作中推进女性领导力的课程体系以很大灵感。

多年来，陈慧英也一直在身体力行发挥着女性的力量。1989年，她作为宝洁公司在中国的首批管培生，被派往美国宝洁工作，有机会受邀作为童子军会议上亚洲及中国故事的讲师，当时孩子们的领袖才能深深触动了她。她想，为什么仅10岁的孩子都能有"目标管理、团队合作、领导力"的概念呢？这些在中国学校都还没有听说过。从美国回来后不久，经过一番思考，2003年陈慧英毅然离开宝洁公司，创办了"全能少年"培训机构，致力于中国青少年的领导力培训。

在2003年，要想找到像美国童子军一样的培训机构几乎很难，创建适合国内孩子发展的领导力培训机构并不是一件容易的事情。

陈慧英只能一边学习，一边在这条创业路上慢慢探索着，而另一边陈慧英的先生工作也处于上升期，夫妻两人的工作都很忙，但他们在对两个女儿的培养上似乎很有默契，一致认为要给孩子们高质量的陪伴，同时要高度重视培养孩子们的成长性思维。

陈慧英和丈夫会经常和两个女儿聊天谈心，当女儿在讲述一件事情，或者分享当下的活动时，他们无论多忙都会先暂停手上的工作仔细倾听和互动，让孩子感受到被重视。为了培养孩子们的成长性思维，陈慧英让两个女儿都加入到她主导的青少年教官项目中锻炼，培养女儿对自己负责以及主动融入团队的能力。她说，要想激发孩子的自驱力和对生活的热情，首先要把人生规划的主动权交还给她们，这是家长的外推力永远无法做到的。

最好的老师是父母，最好的教育是陪伴。陈慧英分享高质量陪伴的亲子观念也一直影响着同是母亲的我，让我对亲子教育有了更深层次的陪伴感悟与实践。陈慧英说，其实孩子的教育是一场马拉松，所谓双赢的人生不仅是赢在起点，还要赢在过程与未来。这也如十几年来一如既往做同一件事的她，创业过程有低谷，但从未想过放弃，感受过程、享受过程定能收获成长。

专访三：刘小稚女士

——做真实的自己

刘小稚，曾担任通用汽车大中华地区首席科技官／总工程师，通用汽车台湾总裁，福耀玻璃副总裁兼首席执行官。2009年创办了亚仕龙汽车科技有限公司并担任CEO，目前还担任百威啤酒、福耀玻璃、奥托立夫、庄信万丰全球独立董事。2009年被选为改革开放30年1000名中国现代汽车工业杰出贡献者之一。

大家称她为汽车海归，但我习惯称呼她为小稚老师，因为我从她身上切身感受到了一位师者的风雅和一位智者的风范，她也是给予我前进动力的榜样女性之一。小稚老师本科就读于西安交通大学无线电系，毕业后作为最早一批留学生前往德国学习，后获得埃尔朗根大学电子工程硕士和化学工程博士学位。她的工作经验涵盖技术开发、市场销售、企业全面管理及收并购等，涉及欧美和中国的世界五百强企业及中国蓝筹民营企业。

第一次听到小稚老师的名字是我的老板参加了小稚老师的私董会小组后，参加完第一次活动回来老板就跟我讲了小稚老师的很多故事，听完故事后，我就有一种想迫切认识小稚老师的期盼。后来，因为我也要参加私董会小组的一些活动以及工作上的关系，便与小稚老师相识，有幸和她进行各种交流。每一次的交流，我总能从小稚老师身上获得很多新的认识和能量，能够时刻感受到她身上满满的活力与干劲。

一直都在做真实的自己，很清楚地知道自己想要什么。

95岁女科学家叶叔华曾鼓励女性说，如果你想要什么，就要勇敢地去争取。当然，这不是一场拳击赛，女性在赛场上并不会带来什么伤害。但对于女性来说，我们希望能得到更多的机会，因为我们受到不公平待遇已经太久太久。刘小稚正是如此。

在外企工作，职位和薪酬都要靠自己来努力争取，更何况是一名华人女性。《汽车海归故事》提到，1997年，刘小稚决定自费去读EMBA（高级人员工商管理硕士）。在通用汽车公司，读在职EMBA一般是由公司派送的，但公司认为她已经有了博士学位，一直没有主动给她读书深造的机会。刘小稚准备"先下手为强"，收到录取通知书后，她马上前往总裁办公室请假，并告诉总裁学习深造回来后可能会有换工作的考虑，请他做好准备。总裁听后十分惊讶，对刘小稚的敢言表示佩服，更是欣赏她这种清楚自己想做什么并且坚持下去的精神，没有给她任何反对和阻碍。更没想到的是，学校还没有开学，刘小稚竟然还被公司提拔了。带薪休假读书的经历更是让她坚定了幸福是靠自己去争取的信念。

受父亲影响，相比于外在，小稚老师更加追求艺术和精神上的富足，痴迷于绘画艺术和音乐。小稚老师认为个人发展的关键还是要提升内在才能。她很少在外表上打扮自己，大学四年她常常穿着干净的补丁衣服，穿梭在教室、食堂、宿舍和大学广播室之间。直到现在她经常在世界各地"飞来飞去"，也几乎不化妆，但仍自信且落落大方。

向来不喜欢安逸地工作和生活。

小稚老师是一位聪明睿智、成熟敏感、走遍四方的单身女性。她的通用汽车大中华地区首席科技官和总工程师、世界级汽车零部件公司的独立董事，福耀玻璃集团的总经理等经历，每一段都是头衔闪亮,位高权重。但这些厚重的经历却没有让小稚老师安逸下来,面对未来,她始终保持着强大的好奇心与奋勇冲锋的姿态。2007年,她向工作生活再一次发起了挑战,从国际化职业经理人身份向创始人身份转变,和合伙人一同创办了亚仕龙汽车科技(上海)有限公司。创业的过程起起落落,也遇到了很多困难。但她认为,所有的磨难都是财富,逆境会使人不断学习和探索。正如橘子,你在吃之前也不知道它是甜的还是酸的,就是一个剥开品尝的过程。

如今,小稚老师用她几十年的从业经验辅导着年轻的创业者团队。她曾发自肺腑地对他们说道,人应该像柳树,虽然柔软弯曲,但很难被折断,做人需要照顾到周围人的感受,适当示弱,也是一种大智慧。院子里只有一束花开,成不了花园,只有百花齐放,才会有人间美景。人生短暂,小稚老师把有限的时间花在核心价值上,也就是强健自己实力上来,把擅长的事情做到极致,懂得放弃那些短时间内无法逆转的劣势,何尝不是一种智慧。

"他强任他强,清风拂山冈。他横任他横,明月照大江。"对于小稚老师来说,所谓的尊严和地位,都是靠实力和才华拼出来的。她的每一段经历和故事都能把人类最真善美的情感展现得深入人心,千回百转,久久回味。

专访四：范敏娜女士

——永不服输的劲

范敏娜（MINNA），我的高中校友，任职广东职业技术学院，澳门城市大学在读博士。我们经常说，只要有敏娜在的地方，总会有一股强磁场，散发着自信、从容。敏娜笑着说，那是属于她的红色奔放型气场，就如她作品的立意呈现。

谈起小时候，敏娜说那是一场属于她一个人的战争。一岁时的小儿麻痹症，使敏娜的腿留下了轻微的后遗症，直到三岁，她才能拖着落下残疾的右腿下地走路。刚学会走路时，敏娜经常摔跟头，直到可以平稳走路。母亲看在眼里，疼在心里，但为了锻炼敏娜的独立能力，只能选择鼓励她自己站起来。一次次地站立又跌倒，激发小敏娜身上那股不服输的劲儿。

敏娜从小就学习勤奋刻苦，成绩在班里始终都名列前茅，她要用优异的成绩来证明她的实力是不会因身体上的小毛病而影响的。在小学特长班招生时，敏娜选择了绘画。也是从那时候开始，敏娜的艺术天赋慢慢挖掘出来。高考填报志愿的时候，她不顾母亲主张的医科类大学，坚定选择了自己热爱的服装设计专业，拿到了北京服装学院服装设计系的录取通知书。在就读北京服装学院2年后，敏娜因成绩优异以优秀学生代表的身份被送到法国巴黎国际时装艺术学院继续完成本科学习计划。

带着同龄人羡慕的目光与父母的叮嘱踏上法国留学之路，意味着敏娜即将在陌生的环境里独自生活学习。刚去的时候，文化差异、语言障碍、学业压力等问题都是她无法回避的现实挑战。敏娜回忆道，一次社会调查彻底触及了她情绪的爆发口。敏娜所在的调查小组，除了她以外都是法国人。大家都有共同语言，自然而然就成群结队，只有敏娜落单了。她吃力地抱着一堆调查资料，因腿脚不便被甩在队伍后面。

那一次调查结束后，孤独、不适等多种情绪一下子都涌上心头，击溃了敏娜的心理防线。面对现实的艰难与无助，敏娜抱怨过也想过放弃，但她不甘心，从小就不服输的那股劲头再一次出现在敏娜身上。敏娜暗下决心：来都来了就不能轻易放弃，只准前进，不能后退！

从那天起，敏娜认真观摩每一件优秀设计作品，向其学习并找差距，遇到不理解的知识点也会第一时间找老师同学交流想法。除此之外，敏娜还在空暇时间去当地的博物馆和图书馆，因为她深知，要想真正了解和融入大家，仅仅校内学习是不够的，还要从文化源头开始。那段时间，也是敏娜真正吸收和沉淀艺术文化营养的开端。因为是服装专业，本领还要看实际呈现。在每次的作业设计环节，敏娜提交的作品总能受到老师的肯定和表扬。比起其他同学所关注的面料贵重，敏娜把服装设计的重心放在了设计创意上，她的设计西方艺术和东方文化的交融、大胆独特的色彩碰撞、独具新奇的细节呈现，总能让人眼前一亮。半年下来，敏娜成为班里的焦点，大家都很愿意和敏娜交流并主动提供需要的帮助。

两年留学时间里，敏娜对艺术有了更深入透彻的理解。2006年11月，敏娜报名参加了第七届虎门杯国际青年设计（女装）大赛，她把这次比赛看作是她留学两年的成果汇报。这次大赛成了敏娜获得国外继续深造机会的转折点，她凭借着具有西方文化粗犷、奔放、浪漫、时尚和东方文化柔美、温馨、张扬、向上的个性特征交汇融合的设计作品《融合》，赢得了评委们的一致好评，最终夺得了当年比赛的冠军。

在英国曼彻斯特城市大学的邀请和服装学院的推荐下，敏娜获得了英国曼彻斯特城市大学的留学资格和全额奖学金。不久后，敏娜再一次踏上了求学之路，在英国曼彻斯特城市大学完成了为期一年的研究生课程学习。回国后，她曾担任国内外多家品牌设计总监、主设计师等职务，曾获广东省十佳服装设计师等奖项。2020年，根据多年的工作学习经验，敏娜发行了书籍《时尚买手自学通》，得到了行业众多时尚爱好者的青睐。

回忆成长之路，敏娜说，成长就像一场战争，首先要战胜的敌人是自己。当我们目标不清晰时，最好的办法就是去实践，在不断实践的过程中，会发现你想要的和你最擅长的东西，而我们只需要做的就是别盯着自己的不足并尽情发挥自己的优势。

直至现在，敏娜仍在路上，追求她所要的，而她的自信与韧性、温柔而坚定，经过时间的打磨，越发光芒而耀眼。

专访五：邢丽丹女士

——聊到科研工作眼里就发光

邢丽丹，我的大学师妹，目前在华南师范大学担任化学学院教授，博士生导师。一直以来她专注于科研工作。每每和丽丹聊到她的科研工作，她的眼里总是散发着光芒，滔滔不绝地跟我们分享其中的乐趣，不难感受到她对这份事业的喜爱。

丽丹和科研的缘分还得从她大一的暑假开始说起，当时学校的科研实验室正在招老师助手，抱着好奇心的她报名了。在担任老师助手期间，在老师和师兄师姐的指导下，丽丹凭着敏锐的洞察力和坚韧的性格，总是能在无数次实验中抓住关键点，并成功完成一个又一个的小实验。这种成就感，激发了她强烈的研究兴趣。之后，丽丹一直保持着高昂的科研热情，只要有机会，丽丹都会争取加入实验团队参加研究项目。至今，丽丹在每次和学生分享经验的时候，都会告诫他们，在学校要把握好每一次当老师助手的机会，无论处在哪一个阶段，有问题要积极去问，提前积累好研究的资本。她认为兴趣是最好的老师，因为实验不是一次就能成功的，失败了从头再来是常态，研究路上需要孜孜不倦的精神和"既来之则安之"的心态。

大学毕业后，丽丹选择了留校工作，研究方向选择与应用相结合的基础研究。即使科研路上会遇到重重困难，丽丹仍坚守着自己的研究领域。她认为，探索应用基础研究就是要深入了解课题背后的科学问题，手动催化研究进展。某个应用课题的解决，都有可能推动行业的进步和发展，每每想到这些，丽丹就会激情满满，越做越有劲儿。

当然，研究也有遇到瓶颈期，甚至长时间毫无进展的时候，丽丹以前也会为此感到焦虑和失去信心。而现在，她找到了调整自己的办法。她会先尝试向内解决问题，暂时把问题放一放，放空大脑后再阅读相关文献，重新整理思路。或者向外探寻资源，尝试与国内外同领域的专家交流，来一场头脑风暴，也许就会"柳暗花明又一村"。丽丹说，她也曾遇见过一些难题，受目前领域涉足和资源的有限性，确实还未能解决，但她相信或许有一天时机到了问题也能迎刃而解。

做科研的路是枯燥的。想要收获就必须坚持付出。丽丹说，当我们无法改变目前的境遇时，我们只管努力做到最好的自己，剩下的事情交给时间来证明，要相信生活总会迎着光走，发生在我们身上的终将是美好的！

多年来的坚持和付出，丽丹在科研路上取得了卓越的成绩，先后选入国家特支计划第六批青年、广东省杰出青年、"广东特支计划" 科技创新青年、广州市珠江科技新星等拔尖人才计划。

专访六：蔡庆瑶女士

——母性光环也是事业发展的灵感来源

蔡庆瑶，一家创业公司的"80后"老板，三个孩子的妈妈，我的博士班同学。

我们平时都叫她瑶瑶，比较亲切。瑶瑶是典型的北方姑娘，直率、热情。记得我们第一次见面，她走进班级好像早已认识大家一样，热情主动地跟每个人打招呼，像极了老朋友见面。同是北方姑娘的我不禁惊叹：居然还有这么"社牛"的同学！这给我留下了非常深刻的印象。

像对待孩子一样对待公司。

一面坚毅，一面柔软，是瑶瑶工作生活的真实写照。瑶瑶现在是三个孩子的妈妈，也是一家创业公司的老板，主要做外贸类产品出口。当谈到孩子时瑶瑶眼里都发着光，她很自豪地跟我们介绍说这是她的第一身份，甚至这个身份赋予的母性光环也是她公司管理的灵感来源。起初，瑶瑶创业并不是为了赚钱，用她的话来说，是做着自己喜欢的事情顺便再创个业。从零到一，从一到无限可能的创业过程，对于同时肩负家庭与社会的双重身份的女性来说面临的挑战也更加艰巨。但瑶瑶并没有把创业当作是一项任务，她说两者并不矛盾，甚至能相辅相成，不管是当母亲还是做企业，都是女性自我价值的体现方式。

对于热爱的事业，瑶瑶像对待自己的孩子一样认真，细心地培育着公司一步步成长。尽管在怀孕期间，她也会坚持工作到临产前一天，坐完月子后又开始进入工作状态。她说，那段时间每天坚持来公司，确实也有行动不便的时候，但每次看着方案一个个落地，公司品牌和产品运营越来越步入正轨的时候，自己也会享受其中，尽管身体会被烦琐的工作事项困住，但是灵魂却是自由的。都说爱屋及乌，就连对待公司的员工，瑶瑶都会习惯性地保持"家长"心态，有着足够的包容心和耐心。

两头兼顾，齐头并进。

对于职场女性，工作和生活的平衡还是难以回避的问题。生活和工作的事情交织在一起时，每分每秒都尤为宝贵。瑶瑶一家是个大家族，她曾经算过一年中仅安排生日蛋糕这件事情差不多都要12次，再加上节假日对家里老人的探望和年度的家庭旅行，瑶瑶都恨不得把一天拆成三天用。瑶瑶觉得，不管是作为职场女性还是作为母亲，都不能放弃自己的成长，都要不断求新，所以无论多忙她都会抽空保持运动、阅读，偶尔还会与好友相聚。

在平衡工作、家庭生活和亲子陪伴上，瑶瑶也曾为之殚精竭虑，如今她渐渐找到了自己的步调。为了有更多的亲子教育时间，瑶瑶一家决定搬迁到学校附近，减少通勤和走读时间。每天晚上，一家人都会在一起学习，孩子们在一边完成自己的作业，瑶瑶和孩子爸爸一边处理着工作，一家人其乐融融，那一刻瑶瑶觉得很温馨。为了培养孩子们的兴趣爱好，瑶瑶给孩子们报了兴趣班，每到周末，她和孩子爸爸会充当司机接送。无论多忙，瑶瑶都会安排家庭旅游，带着孩子们去看更多不一样的风景和制造一家人相处的时间。

把热爱的事情变成自己的事业。

瑶瑶认为，真正的爱自己，是在当下努力去做自己喜欢做的和有趣的事情，让自己的内心充盈着喜悦，让现在的每一天，都以自己喜爱的方式度过。只有把热爱的事情变成自己的事业，才会有坚持下去的勇气和勇往直前的坚韧。瑶瑶也一直在践行着。她希望公司以后能为更多同样有兴趣的人打造一个圆梦的平台，经营一个有生命力的品牌并长久流传下去。

随着公司业务的不断拓宽和市场环境的变化，如何让管理团队紧跟自己的节奏和步伐，打造成一支高效同欲的团队，也是瑶瑶在创业道路上常常思考的问题，并在不断地探索着答案。瑶瑶每每谈到这，眼里都流露出充满希望的光芒。

她也希望自己的孩子们能够找到和发现自己的兴趣，未来也可以做着自己喜欢的工作。

专访七：孙启蒙女士

——在对抗与挑战中成长

　　斜杠青年孙启蒙，是她的自称。孙启蒙毕业于浙江大学，现在是自家公司运营支持部门的负责人，有着超乎同龄人的成熟稳重。好学聪明、头脑灵光、美丽是我对这个"97年"女孩的第一印象。

　　跟启蒙的第一次会面是在一个周六，第一次会面就有种相见恨晚的感觉，两个不同年龄段的女性叽叽哇哇聊了很多很多。启蒙自家公司主营废金属回收业务，作为负责人的她经常跑现场巡检业务。有一次，启蒙带我们几个人去参观他们的现场，她说："走，我们开车去。"随即自己开着内部观光车带我们走了，同样是化工厂出身的我都不禁心生佩服。

　　从"对抗"中"放飞自我"。

　　由于父母工作繁忙，启蒙小时候大多是和亲戚们住在一起，谈起那段时间的生活，她印象最深刻的一句话是亲戚们常挂在嘴边的"女人无用论"。一句看似无意间的话，在很长一段时间里成了她自卑、羞耻、不安的来源。她在日记本里写道："我不想成为他们口中平庸而无为的'没什么用的人'。"也是在那个时候，"对抗"的种子在启蒙心中生根发芽。

　　童年时期的启蒙和外界"对抗"的力量更多是以发奋学习的形式来体现。从小学开始她就在寄宿学校学习，接受着标准化的填鸭式教育。在学校里，她勤奋努力，好学好问，学习成绩一直名列前茅，成为大家口中的优等生、乖乖女。即使这个所谓的生存法则她不是很认同，但对于年少的她来说，这也算是挡住"女人无用论"杂音的利剑之一了。

直到高中毕业后，内心"对抗"的觉醒开始转化为行动的"叛逆"，启蒙开始"放飞自我"，一直想打破束缚和偏见的想法在高考志愿选择上得以实现了。在当时，启蒙的父母希望她选择财务或者律师专业，或许这份工作对于女孩子来说是不错的选择。但启蒙哪管得了这么多，终于有机会可以做不被定义的自己，她拥有了可以自己选择的机会，再也不想做看似优秀的小镇答题家了，一心只想去探索新奇的、未接触过的世界。于是她嘴里答应着父母的劝说，实际瞒着父母提报了"性格测试中她最不擅长的专业"——医学。当收到录取通知书的时候，启蒙收拾好行囊开开心心搭上了离家的飞机，留下了目瞪口呆的父母。那一刻，她是自由而开心的，向往着一段新的不被定义的生活。

勇敢尝试才能找准方向。

启蒙敢于打破束缚和偏见，在不断尝试中找到适合自己的方向。在上大学前，启蒙并不知道自己适合什么样的人生道路，会成为什么样的人，对于未来的职业发展方向更是没有任何概念，但她清楚她想成为不一样的女性，不想一生循规蹈矩地学习、工作、结婚生子，等等。

有一次课堂中，老师提问在场所有的医学生，是否有以后不想成为医生的人。启蒙举手了，全场唯一一个举手的学生，全班哄堂大笑。可能对于大多数医学生来说，成为一名医生是正确的选择，但对于启蒙来说，她还不确定，这是她当时真实的内心想法。

在那时候，启蒙的父母还想着让启蒙为她自己的选择"买单"，试图通过控制经济来源让她悬崖勒马。尽管有生活费的限制，启蒙也"不认输"。她白天解剖尸体，啃着枯燥厚重的医学课本，在医院里当实习医生，晚上辅修财务的课程，同时还穿插着医药板块的咨询实习、投行实习工作，赚取生活费。高压高节奏还偶尔窘迫的生活成为她的日常，有时候启蒙也会陷入自我怀疑，怀疑是不是真的选择错了。

然而看似八竿子打不着的不同经历融合在一起后，美妙的反应发生了，斜杠青年的经历让她清晰找到了适合她自己的方向。通过高压高强度的医学理论教育，使她拥有了快速理解、消化、掌握一门生硬、枯燥的学科的能力。通过临床实践工作，与不同背景的患者、真实的病例打交道，启蒙拥有了结构化、系统化的思考方式，学会了如何从问题的表面探索本质，也从中看到了人间百态；通过财务及商业的学习、工作，使她对世界的运作又有了同以往不一样的认知。虽然在医学生中，启蒙学习成绩不算优秀，但因为以上丰富的经历与阅历磨砺，她在医药板块的咨询、投行实习经历中表现得非常出色，较强的学习理解能力和系统化思维模式等优势在工作中体现得淋漓尽致，成为团队中被欣赏的那个人，成为别人口中"很有sense"的人。

从不给自己设限。

现在，启蒙已经具备了从自身获取能量的能力，并在成长的道路上慢慢探索内心的追求。她从不给自己设限，毕业后到一家制造业企业任职，入职一个月后便被提拔为企管方向的总裁秘书，再到后来尝试了宠物用品的自主创业，打造的新兴国潮品牌在业内也还算小有名气，现在回到自家公司任职，她都在同龄人中有着不错的表现。职场工作中一次次的正向反馈，让她越发相信，人生没有唯一的答案，没有白走的路，没有白读的书，没有白试的错，所有的经历，都会形成美妙的化学反应。她只需要不断尝试，默默努力，默默积累，等待最好的时机。

如果问启蒙她的榜样是谁？那她的第一个答案肯定是她的母亲，也是她不断突破的内驱力量源泉。启蒙的母亲是一名标准的职场女性，与父亲一同创业打拼，遇事十分从容淡定，散发着睿智和光芒，同时把工作与家庭平衡得很好。启蒙说，妈妈用身体力行告诉她，只要自己足够努力，内心足够强大，她就可以爬到山顶。

每个人身上都有未知的无限的能力，未来存在无限的可能性，需要自己去探索，去解锁，这与性别无关，只与自己有关。

不妥协不顺从，细腻而有远见、炽烈而自由，是"97年"孙启蒙的写照。

专访八：李志娟女士

——相忘江湖

李志娟女士，律师，武汉大学研究生，工作经验丰富，曾先后在地方检察院、律师事务所以及两家上市公司任职，担任过一家新三板公司董事会秘书，现为一家律师事务所高级合伙人。

有缘人总是会遇见。2006年我毕业在广州工作，她也是2006年来到广州，后来我们在公司的一次年会上相遇，彼此都留下了很好的印象。李律师雷厉风行、果敢坚决，我们十分投缘。多次交流后，我邀请李律师把自己的故事分享出来，她很爽快地答应了。相信李律师的故事对我们现代女性朋友的职业规划和成长发展有非常积极的指导意义。

入错"江湖"没关系！

20岁之前，李志娟女士的生活轨道非常单一，除了自己从小生活的县城和读大学的省会城市，她很少去其他地方，但是在书本报纸上看到外面世界的精彩，让她一直心向往之。毕业后，她顺利地进了县检察院。她说，与现在相比，那时的生活真是悠闲似神仙。当时她分配在民行科，一年的民事行政抗诉案件加一起也就十来个。当时，院里只有两个正式法科毕业的本科生，还有一部分司法专业院校毕业的专科生。年轻又有点心高气傲的她对这种环境并不满足，心中的梦想像跳跃燃烧的火苗，让她对外面世界跃跃欲试。机缘巧合，当时身边有一位热爱学习充满抱负的同事，在他的鼓励下，李志娟重新拾起荒废已久的书本，准备考研。

功夫不负有心人，最终经过一年的勤奋苦学，她幸运地考到一个以前想都不敢想的大学——武汉大学，就此离开了自己土生土长的第一个"江湖"圈子，带着几分忐忑，几分期许，进入了一个全新的世界。

再入"江湖"力更坚。

律师这个职业在李志娟脑海里，一直停留在之前看过的港剧和美剧中那些在法庭上唇枪舌剑，依靠智慧和口才扭转乾坤的高大形象，是一个被她个人理想化的角色，虽然也道听途说过中国律师的从业艰辛，可这些不足以打破她内心已经塑造起来的形象。就这样，带着几分好奇，几分挫折，几分兴奋，在武汉大学完成研究生学习后，她来到广州选择进入律师事务所。

一年的律师助理，让她感受到了律师事务所的真实生活，也看到了自身的不足。她的专业方向是公司法，主要工作也是围绕公司展开，接触了公司各类法律服务项目和公司诉讼，在指导律师一点一滴地带领下，案头工作有了突飞猛进的发展，但是对公司实践的缺乏，对公司整体运营的认知不够，总感觉自己和优秀的公司律师还有着巨大的差距。

于是，她又一次非常理性地选择了重来，离开了律师事务所。通过面试，她进入一家上市公司，从法务专员做起，全面感受公司这一巨大机器的运营过程，开始对不同的公司管理体系、公司运行机制和公司文化进行全方位的学习和实践。在第一家上市公司工作的时候，由于工作出色被领导赏识，让她很快提升为总经办副主任兼证券事务代表，又将她带入一个全新的证券领域。虽然在学校学过证券法，但也只是皮毛。为了更好地适应这个角色，了解业务，她一有空就把证券监管部门及深圳证券交易所发布的各类行政规章和制度条例拿来研读揣摩，努力考取了证券从业资格和期货从业资格。从2007年到2017年的十年时间里，她先后经历了两家上市公司和一家新三板公司的工作，并做到新三板公司董事会秘书的高管职位。十年的磨砺，使她深刻理解了证券市场与资本市场，学习到了专业的知识结构，更坚定了自己的专业化定位。

重回"江湖"心犹存。

2017年，李志娟接到了研究生同学递来的橄榄枝，邀请她进入律师事务所团队担任合伙人，并负责公司证券业务。接到邀请后，她没有任何犹豫、不计任何得失就一口答应了下来，她这种迅速与坚定让同学目瞪口呆。因为，在她内心深处，律师是她一直向往的职业，即使在这么多年的工作中，早已经见识过律师事务所的现实和律师的真实生活状态，虽然这些和剧中的光鲜差别巨大，但她心里的光一直都在，职场的初心一直都在。

她表示，可能一个人的人生道路是什么样，冥冥之中总是注定的，即使绕了一个弯子，最后还是回到自己要走的路上来。

我相信，李志娟女士重回初心的归途是快乐的、幸福的，也是令我们很多职场女性朋友羡慕的。

结 束 语

　　本书的撰写完成，得到了很多朋友和同事的指导与帮助，在此一并表示感谢。当前，现代女性占据了职场半边天，在各行各业发挥着与男性同事一样重要的作用。本书对媳妇在事业和生活中的成长成功经验进行了全面的、系统的总结和分享，希望能够给广大读者，尤其是广大女性朋友带来一点儿启发，激发一分共鸣，提供一些参考，更希望和祝愿广大读者朋友能在自己的职业与生活中，勇于树立远大理想，敢于冲破思想禁锢，乐于挑战自我，勤于攀登奋斗，同时细心处理好工作与生活、事业与家庭的关系，通过持久的努力与坚持收获内心的真正快乐与幸福，实现绚丽的人生梦想。

　　同时，由于笔者撰稿水平及经历能力有限，书中难免会出现一些错误以及词句粗浅等问题，在此恳请大家谅解。